JN079550

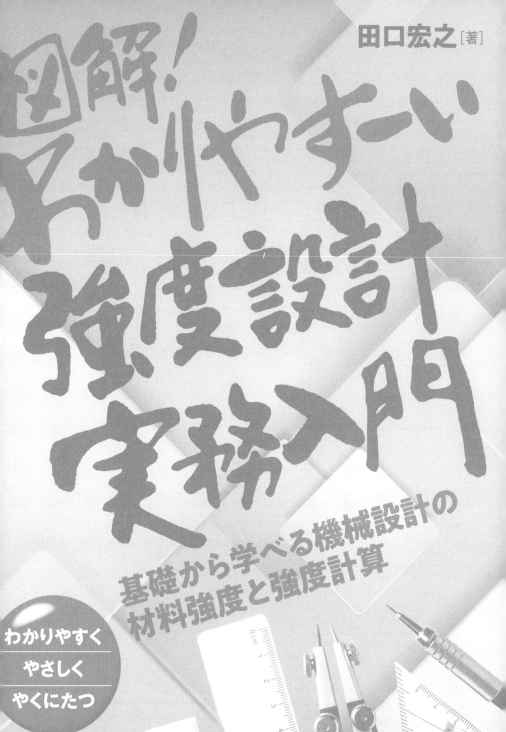

田口宏之［著］

図解！わかりやすい強度設計実務入門

基礎から学べる機械設計の
材料強度と強度計算

わかりやすく
やさしく
やくにたつ

日刊工業新聞社

はじめに

　近年、製品が安全であることや不具合が少ないことは、付加価値ではなく当たり前のことだと認識されるようになってきました。もし、消費者の期待を裏切るような低い品質の場合、ネットショップの製品レビューやSNSなどによって瞬く間に拡散してしまいます。品質を確保する取組みが、かつてないほど重要になっているといえます。一方、海外競合企業の品質も年々改善し、安全性や不具合の少なさだけでは、国内企業の競争力につながりにくくなっています。国内企業が勝ち残るためには、これまでにないような魅力的な製品の創出やコストダウンなどを達成しなければなりません。製品の品質やコストは詳細設計までに8割近くが決定するといわれており、設計者が果たすべき役割は極めて大きいといえます。

　競争力を強化するために、設計者のスキル向上が重要であることはいうまでもありません。自社製品に必要な技術に加えて、安全設計手法や信頼性工学、コストダウン手法など、身につけるべきスキルは極めてたくさんあります。また、効率的な設計業務を行うために、3DCADやCAE、PLMなどのデジタル技術も使いこなせなければなりません。一般に設計部門は企業の中で最も多忙な部署の一つだといわれています。通常業務だけでも目一杯の設計者が多い中、設計者は何とか時間を作り出してスキル向上を図る必要があります。

　さて、本書のテーマである強度設計について考えてみましょう。強度に関わる不具合は安全面の問題に直結します。安全面の問題はリコールにつながることもあり、場合によっては経営問題にまで発展します。したがって、強度設計に関するスキルは、設計者が学ぶべきことの中で最も優先順位が高いテーマの一つだといってよいでしょう。しかし、前述したように設計者は多忙で、他にも学ぶべきことがたくさんあります。どうすれば効率よく強度設計を学ぶことができるでしょうか。多くの方が思いつくのが、材料力学の解説書で基礎的な理論から学ぶという方法です。これまで数多くの良著が出版されており、意欲と時間的余裕のある設計者にとっては最もよい方法だといえます。しかし、材料力学は、基礎的な内容だとしても、改めて学ぼうとするとそれほど簡単ではないことに気づきます。静力学や微積分など様々なベースとなる知識が必要であることも、設計者にとっ

て高いハードルとなっています。また、時間をかけて材料力学を学んだとしても、実務で強度設計を進めるためのスキルとしては不十分です。材料特性に関する知識や、ばらつきを考えるための統計解析、長期使用を前提とした製品の寿命予測手法、安全率の設定法など、材料力学だけではカバーできない様々なことを学ばなければなりません。

　私自身、大学の工学部で材料力学をはじめ、強度設計に必要な学問を広く学んだはずでした。しかし、設計者として仕事を始めてしばらくの間、学んだ知識が実務と結び付くことはありませんでした。5年ぐらい経過してからようやく強度設計とはどういうものか、何となくわかってきたように思います。今振り返ると、理論的な内容は少なくてよいので、強度設計の全体像をわかりやすく解説してくれる書籍があれば、もう少し早く理解できるようになったのではないかと感じています。

　そこで本書は、多忙な設計者が強度設計の全体像を効率的に理解できるようにすることを目的に執筆しました。一つのテーマは原則見開の2ページで解説し、重要なポイントを左ページに整理しています。理論的な解説や数式の導出は最低限にとどめ、あくまで強度設計の全体像がわかることに主眼を置きました。また、材料は金属材料とプラスチックを使用することを前提に解説をしています。第2、3章で静力学、材料力学の最低限必要な基礎知識と代表的な強度計算式、第4章で材料特性、加えて第5章でそれら以外の必要な知識について実務者視点で解説しています。また、第5章の章末には本書の解説内容を活用した強度設計事例を4つ掲載し、実際の強度設計の進め方の参考になるようにしました。さらに巻末には付録として強度設計の実務で活用できる断面特性一覧や強度設計チェックリストなどを掲載しています。

　最後に、本書の企画、編集、校正に至るまで、日刊工業新聞社出版局の鈴木氏には大変お世話になりました。感謝申し上げます。

2020年6月1日　著者　田口宏之

目　次

第 4 章　材料強度と強度設計

第5章　これならわかる！　強度設計の手法と実務事例

付録　強度設計便利帳

第 **1** 章

強度設計とは

POINT 1 本書における強度設計の定義

強度設計

広範囲に渡る工学知識、実務ノウハウを活用し、変形や破壊を起因とする強度上のトラブルを未然に防ぐ設計の進め方。

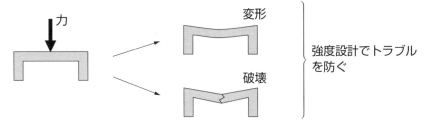

力 → 変形 / 破壊 | 強度設計でトラブルを防ぐ

POINT 2 強度設計に必要な工学知識、実務ノウハウ

（例）

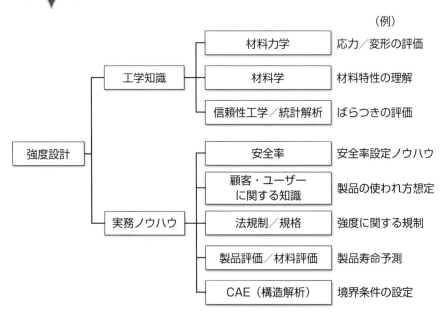

強度設計	工学知識	材料力学	応力／変形の評価
		材料学	材料特性の理解
		信頼性工学／統計解析	ばらつきの評価
	実務ノウハウ	安全率	安全率設定ノウハウ
		顧客・ユーザーに関する知識	製品の使われ方想定
		法規制／規格	強度に関する規制
		製品評価／材料評価	製品寿命予測
		CAE（構造解析）	境界条件の設定

Point 1　本書における強度設計の定義

　製品は力を受けると変形し、場合によっては破壊に至ることがあります。変形や破壊自体が問題になることもありますし、変形や破壊がより大きなトラブルの原因となることもあります。そのようなトラブルを未然に防ぐ設計の進め方を、本書では強度設計と定義します。強度設計という用語は、学問の世界ではあまり一般的ではありません。その証拠にオンライン書店で「強度設計」という用語を使った書籍を検索してみると、「材料力学」でのヒット件数の1/10程度しかありませんでした。しかし、本書ではあえて強度設計という用語を使っています。なぜなら、強度上のトラブルを未然に防ぐためには、様々な工学知識、実務ノウハウが必要になることを、うまく表現できる用語が他には見当たらないからです。強度設計を進めていくためには、Point 2の図に示すように、様々な知識を駆使する必要があります。設計者の皆さんは、強度設計でどのような知識が必要になるかを意識しながら学んで頂ければと思います。

Point 2　強度設計に必要な工学知識、実務ノウハウ

　実際にどのような工学知識、実務ノウハウが必要になるか見ていきましょう。工学知識で最も中心となるものは材料力学と材料学です。材料力学では製品に生じる応力や変形を、材料学では、その応力や変形が材料に及ぼす影響について考えます。本書では第2、3章で材料力学の基本的知識や代表的な強度計算式について、第4章で主に金属材料とプラスチックを念頭に置きながら工業材料の特性について解説しています。強度設計の実務で最もやっかいな課題の1つがばらつきへの対応です。材料のカタログや物性表には、材料強度が1つの値として載っていますが、実際にはばらつきを持っています。ばらつきについて定量的な判断をするためには、信頼性工学や統計解析の知識が必要になります。

　実務ノウハウで代表的なものが安全率に関するものです。安全率は工学知識ではわからない不確かさに備えて設定する値であり、そもそも簡単に定量化できるものではありません。企業や設計者が長年に渡って蓄積した経験やノウハウが非常に重要になります。また、顧客やユーザーに関する知識も同様に長年の蓄積がものをいいます。例えば、5-2で解説するように、一般消費者向け製品であれば、製品の使われ方をどう想定するかによって強度設計は大きく変わってきます。その他にも製品評価の手法やCAEなど様々な実務ノウハウが必要です。これらについては第5章で紹介します。

Point 1 強度設計技術向上の効果

顧客満足度の維持

頑丈！

軽量化

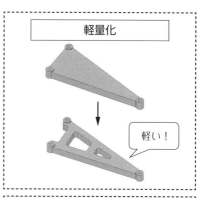

軽い！

コストダウン

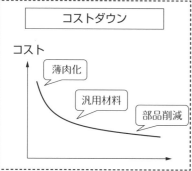

コスト

薄肉化

汎用材料

部品削減

環境負荷低減

燃費向上

材料使用量の削減

設計リードタイム短縮

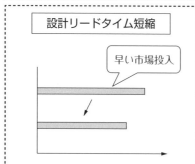

早い市場投入

設計生産性向上

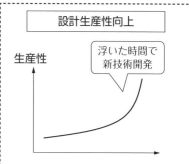

生産性

浮いた時間で新技術開発

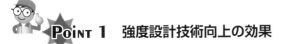

Point 1　強度設計技術向上の効果

　強度設計は強度上のトラブルが起きることを防ぐことが目的です。一方、強度設計技術を向上させていくと、本来の目的以外の様々な副次的効果が生まれます。

〈顧客満足度の維持〉

　強度面に関する品質や安全性は、いわゆる当たり前品質[1]だと考えられつつあります。問題がないからといって顧客満足度が大きく向上することはありません。しかし、問題がある場合は顧客に強烈な不満を与えてしまいます。顧客満足度を維持するためには、最低限の強度設計技術が不可欠だといえます。

〈軽量化〉

　自動車や航空機などの輸送機器では、製品重量が燃費に大きく影響します。そのため、乾いた雑巾を絞るような軽量化の努力が続けられています。また、多くの業界で人材不足や高齢化が問題になっています。製品の組立や輸送、据付け作業を誰でもできるように、製品の軽量化が強く望まれています。軽量化は高い強度設計技術があってこそ実現します。

〈コストダウン〉

　あらゆる業界において価格競争は厳しさを増しており、すべての企業においてコストダウンは最も重要な課題の1つとなっています。高い強度設計技術により、材料使用量の削減や低コスト材料への転換、部品点数の削減などを実現できます。

〈環境負荷低減〉

　軽量化による燃費向上や材料使用量の削減は、環境負荷の低減に大きく貢献します。持続可能な社会の実現は、我々に課された極めて重要な課題です。

〈設計リードタイム短縮〉

　設計段階において強度面の不具合が出ると、設計変更の作業が必要になります。いわゆる手戻りです。手戻りは設計リードタイムが伸びる最も大きな要因の1つです。手戻りのない強度設計を行って設計リードタイムを短縮することができれば、競合よりも早く製品を市場に投入することができます。すなわち競争力の強化につながります。

〈設計生産性向上〉

　強度トラブルの解決には大きな負荷がかかります。これらを削減し設計生産性を向上させることができれば、新技術開発など付加価値の高い仕事をする余裕が生まれます。

1）Column 1 参照

強度設計を行う上で考慮すべきポイント

Poɪɴт 1　材料力学活用の前提条件

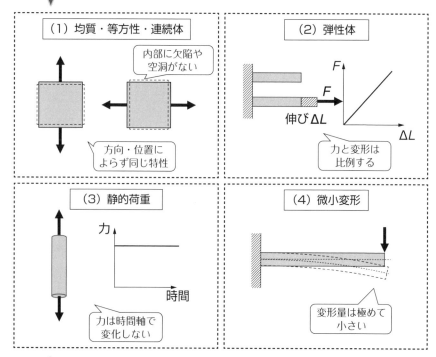

（1）均質・等方性・連続体

内部に欠陥や空洞がない

方向・位置によらず同じ特性

（2）弾性体

F

伸び ΔL

ΔL

力と変形は比例する

（3）静的荷重

力

時間

力は時間軸で変化しない

（4）微小変形

変形量は極めて小さい

Poɪɴт 2　実務で配慮すべきPoint

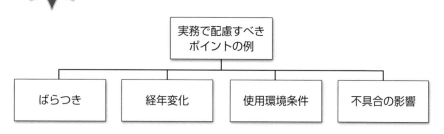

実務で配慮すべきポイントの例

| ばらつき | 経年変化 | 使用環境条件 | 不具合の影響 |

POINT 1 材料力学活用の前提条件

　次章から強度設計における中心的な工学知識である材料力学の基本を解説していきます。材料力学は非常に有用ですが、いくつかの重要な前提条件の元に成り立っていることを理解しておく必要があります。まず、材料は(1)均質・等方性・連続体であるとみなします。すなわち加える力の方向や位置を変えても材料特性は変わらず、内部に欠陥や空洞がない理想的な材料として扱います。実際の材料は不均質・異方性の特徴や内部欠陥を少なからず持っています。また、繊維強化した材料などは顕著な異方性を示しますので、強度計算式の適用には注意が必要です。次に、材料は(2)弾性体であることが前提です。力が作用すると材料は変形します。このとき、力の大きさと変形が比例するものを弾性体といいます。材料力学では弾性体であることを前提に、あらゆる強度計算式が導かれています。通常、材料は変形が一定以上大きくなると、弾性体の性質から大きく離れていきます。したがって、変形量が大きい場合、材料力学の強度計算式の適用は難しくなります。また、材料に加わる力は(3)静的荷重、すなわち時間軸で変化しないと考えます。急激な時間変化をする力は静的荷重と比べて材料に大きな影響を与えます。最後に(4)変形は微小変形であるということです。本書でも大きく変形しているように見える図を用いて解説していますが、実際には変形量は極めて小さいものを扱います。

POINT 2 実務で配慮すべきPoint

　材料力学の強度計算式を適用するにあたっては、上述のように理想的な条件を前提とします。一方、実際の材料、製品では理想的な条件で考えることはできません。私が特に重要だと考える実務で配慮すべきポイントを紹介します。まず、材料強度や製品に加わる力のばらつきです。強度計算を行う際には、材料強度や力を1つの値として決める必要があります。しかし、実際には必ずばらつきを持っています。ばらつきを考慮しないまま強度設計を行うことは、強度トラブルに直結する行為です。材料の経年変化や使用環境条件の違いに関しても、材料力学では通常考慮されません。製品によっては数年～数十年以上に渡って強度を確保する必要があるでしょう。また、使用環境条件の違いは材料選定や安全率の設定に大きな影響を与えます。材料特性の経年変化や使用環境条件を詳しく把握することが極めて重要なポイントであるといえます。

　しっかりとした強度設計を行ったとしても、製品が壊れる可能性をゼロにすることはできません。不具合が起きたときの影響を考慮した強度設計を行うことが重要です。

狩野モデル

　狩野モデル[1]とは、狩野氏らによって提唱された品質要素分類の考え方です。縦軸は顧客の満足度、横軸は物理的な充足／不充足を表し、製品やサービスの品質を当たり前品質、一元的品質（性能品質）、魅力的品質に分類します。当たり前品質はなければ大きな不満を感じますが、あっても満足度が向上しない品質。一元的品質（性能品質）は、あれば満足度が大きくなり、なければ不満に感じるもの。魅力的品質はなくても不満は少ないが、あれば大変うれしいような品質を示します。本書のテーマは強度設計です。製品が壊れたり、変形したりすることによるトラブルを防止することが一番の目的です。近年、強度面に関する品質や安全性は当たり前品質だと考えられつつあります。壊れないのが当たり前で、もし壊れたら顧客は大きな不満を抱きます。大変な負荷をかけて入念な強度設計を行えば、顧客に不満を感じさせることはないかもしれませんが、満足度は期待するほど向上しないと考えられます。当たり前品質の確保に関して、手を抜くことは許されません。しかし、そればかりに集中しすぎても、企業の競争力強化にはつながらないといえます。必要最低限の負荷に抑え、一元的品質や魅力的品質の向上に力を向けることも重要です。

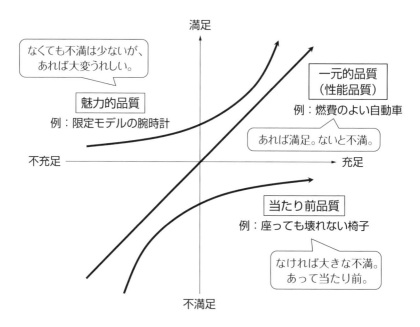

満足

なくても不満は少ないが、あれば大変うれしい。

魅力的品質
例：限定モデルの腕時計

一元的品質（性能品質）
例：燃費のよい自動車

あれば満足。ないと不満。

不充足 ──────────── 充足

当たり前品質
例：座っても壊れない椅子

なければ大きな不満。あって当たり前。

不満足

１）狩野紀昭、瀬楽信彦、高橋文夫、辻新一（1984）。魅力的品質と当り前品質。品質、14（2）、147-156。図は１）の図1-（6）を参考に筆者作成

第 2 章

強度設計に必要な材料力学の基本はたったこれだけ

2-1 単位

POINT 1 単位

SI 基本単位

量	名称	記号
長さ	メートル	m
質量	キログラム	kg
時間	秒	s
電流	アンペア	A
温度	ケルビン	K
物質量	モル	mol
光度	カンデラ	cd

SI 組立単位の例

量	SI 組立単位	
	名称	記号
速さ	メートル毎秒	m/s
加速度	メートル毎秒毎秒	m/s^2
面積	平方メートル	m^2
体積	立方メートル	m^3

固有の名称を持つ SI 組立単位の例

量 ※カッコ内：本書で使用する記号	名称	記号
力（F、N、R、P）	ニュートン	N$(=$kg$\cdot$m/s$^2)$
応力（σ、τ） 縦弾性係数（E） 横弾性係数（G）	パスカル	Pa$(=$N/m$^2)$
エネルギー（E）	ジュール	J$(=$N$\cdot$m$=$kg$\cdot$m^2/s$^2)$
平面角（θ）	ラジアン	rad$(=$m/m$=1)$
セルシウス温度（T）	セルシウス度 （摂氏度）	℃ t℃$=(t+273.15)$K

SI 接頭語（一部抜粋）

倍量	名称	記号
10^{12}	テラ	T
10^{9}	ギガ	G
10^{6}	メガ	M
10^{3}	キロ	k
10^{-2}	センチ	c
10^{-3}	ミリ	m
10^{-6}	マイクロ	μ

Point 1　単位

　まず次項以降の話がスムーズに理解できるように、単位について整理しておきましょう。同じ量を表す場合でも、歴史的に様々な単位が使用されてきました。現在国際標準として使用されているのは国際単位系（SI）です。本書では単位はすべて SI で表すことにします。

　SI では長さや質量といった SI 基本単位と、速さや面積などそれらを組合せた SI 組立単位があります。SI 組立単位は組合せの数が多くなってくると不便です。そこでニュートン（$N = kg \cdot m/s^2$）やパスカル（$Pa = N/m^2$）といった固有の名称をつけたものが準備されています。また、数値が非常に大きかったり、小さかったりするときに使用されるのが SI 接頭語です。10 の整数乗倍を表すことができます。SI 接頭語は便利ですが、単位変換時に間違えないように注意が必要です。本書でも縦弾性係数を表す際に金属材料の場合は GPa（$= 10^9 \times N/m^2$）、プラスチックの場合は MPa（$= 10^6 \times N/m^2$）を主に使用しています。比較する際には気をつけてください。

　本書では製品の長さを原則として mm で表します。強度設計で最も重要な量である応力は Pa（$= N/m^2$）ですので、mm で計算した場合、$N/mm^2 = 10^6 Pa$（$= 10^6 \times N/m^2$）となります。この場合、SI 接頭語を使うと、$N/mm^2 = MPa$ で表すことができます。つまり、長さを mm で表せば、応力は MPa になるということです。これはよく使いますので、覚えておくと大変便利です。SI とそれ以外の単位系などへの換算については、本書巻末の付録(8)を参照してください。

力について(1)

Point 1　力の定義

F 力

質量mの物体に加速度aを与えることができる性質

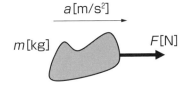

【運動方程式】

$$F = ma \cdots\cdots (2.2.1)$$

地上では…

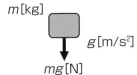

m：質量
g：重力加速度（$9.8\ [\mathrm{m/s^2}]$）
mg：重量

Point 2　力の性質

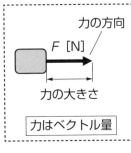

力の方向
F [N]
力の大きさ
力はベクトル量

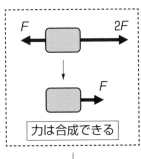

力は合成できる

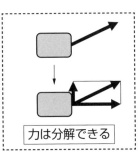

力は分解できる

合成した力（合力）がゼロのとき、物体は静止し続ける

Point 3　力の合成と分解の計算

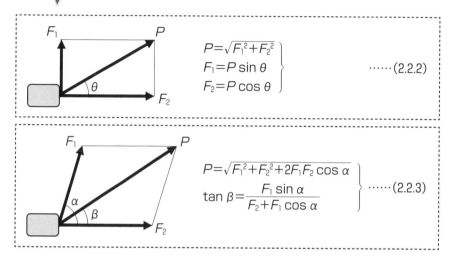

$$P=\sqrt{F_1{}^2+F_2{}^2}$$
$$F_1=P\sin\theta$$
$$F_2=P\cos\theta$$
$$\cdots\cdots(2.2.2)$$

$$P=\sqrt{F_1{}^2+F_2{}^2+2F_1F_2\cos\alpha}$$
$$\tan\beta=\frac{F_1\sin\alpha}{F_2+F_1\cos\alpha}$$
$$\cdots\cdots(2.2.3)$$

Point 1　力の定義

　物体に作用する力は式(2.2.1)に示すように運動方程式で定義されます。これは質量 m kg の物体に a m/s² の加速度を与える力が F N（ニュートン）であるということを意味します。1 N は 1 kg の物体に 1 m/s² の加速度を与えることができる力のことです。地上における重力加速度を 9.8 m/s² とすると、質量 1 kg の物体は 1 kg×9.8 m/s²＝9.8 N の力を地球から受けていることになります。この場合の 9.8 N が物体の重量を表します。

Point 2　力の性質

　力は方向と大きさを持つベクトル量です。ベクトル量である力は合成や分解をすることができます。合成した力（合力）がゼロのとき、式(2.2.1)より加速度はゼロになり、物体は静止し続けます。

Point 3　力の合成と分解の計算

　力の合成と分解は、長方形または平行四辺形の対角線を考えることによって計算することができます。

POINT 1 外力（荷重）と反力の定義

F 外力（荷重）
物体に外部から作用
する力

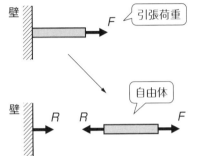

壁 　 F 　 引張荷重

自由体

R 反力
外力が作用することに
より、他物体から受け
る力

壁 R 　 R 　 F

自由体が静止する
ためには

$R=F$ ……(2.3.1)

POINT 2 内力の定義

N 内力
仮想断面で切断し自由
体を取り出したとき、
力がつり合うように仮
想断面に働く力

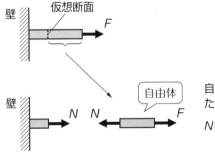

壁 　 仮想断面 　 F

壁 N 　 N 　 F

自由体

自由体が静止する
ためには

$N=F$ ……(2.3.2)

POINT 1 外力（荷重）と反力の定義

　外力とは物体に外部から作用する力のことです。外力には様々な形態があります。本書では外力の形態の違いに合わせて「○○荷重」と呼ぶことにします。図のように外力として引張荷重 F を受けている棒材を考えてみましょう。この棒材

は壁に固定されていますので、F の大きさに関わらず静止しています。静止しているということは、式(2.1.1)より物体に作用している力の合力がゼロでなければなりません。したがって、この棒材は F の他にも何らかの力を受けているはずです。ここで、棒材を壁から切り離して考えてみます。切り離した部分を自由体と呼び、壁や他の物体から一切拘束されていない状態を想定します。自由体には F が作用していますので、自由体が静止するためには、F と同じ大きさの力が反対向きに作用している必要があります。このときに作用している力 R は壁が自由体を引っ張る力です。つまり物体に引張荷重 F が作用することにより、壁からも引張荷重 R を受けていることになります。このように外力が作用することにより、壁などの他の物体から受ける力のことを反力といいます。

Point 2　内力の定義

　物体を任意の位置で仮想的に切り離すことを考えてみます。このようにしてできる断面を仮想断面といいます。仮想断面で切り離すと自由体ができますので、Point 1 と同様に考えていきます。自由体が静止するためには、仮想断面に F と同じ大きさの力が反対向きに作用している必要があります。このときの力 N は切り離した物体の残りの部分から自由体に作用する力です。このようにして生じる仮想断面に働く力を内力といいます。内力は物体の破壊や変形を考えるときに必要になる重要な考え方です。

> **【例題 2-1】**　直径 10 mm と 20 mm の段付き丸棒に両端から 200 N の引張荷重を加えた。仮想断面 1 および 2 の位置における内力 N_1、N_2 を求めよ。

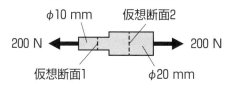

《**解説**》仮想断面で切り離したとき、各自由体は静止しなければならない。したがって、仮想断面 1、2 のいずれにも引張荷重と同じ大きさの内力が作用している。
$N_1 = N_2 = 200$ N

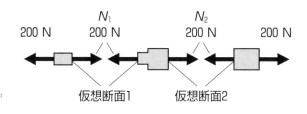

力のつり合い

POINT 1　力のつり合い

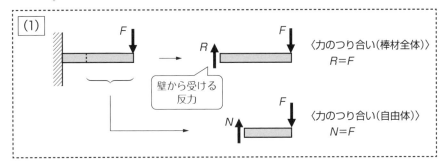

(1)

壁から受ける反力

〈力のつり合い（棒材全体）〉
$R=F$

〈力のつり合い（自由体）〉
$N=F$

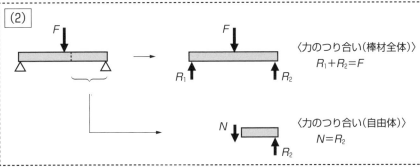

(2)

〈力のつり合い（棒材全体）〉
$R_1+R_2=F$

〈力のつり合い（自由体）〉
$N=R_2$

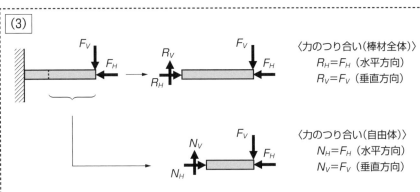

(3)

〈力のつり合い（棒材全体）〉
$R_H=F_H$（水平方向）
$R_V=F_V$（垂直方向）

〈力のつり合い（自由体）〉
$N_H=F_H$（水平方向）
$N_V=F_V$（垂直方向）

Point 1　力のつり合い

　2-2 の **Point 2** で解説したように、物体が静止するためには合力がゼロでなければなりません。合力がゼロの状態であるとき、力がつり合っているといいます。2-2 の例は物体に単純な引張荷重が作用した場合の例ですが、荷重の数や方向が変わっても考え方は同じです。(1)〜(3)の例で考えてみましょう。(1)は壁に固定された棒材の先端に荷重 F が作用している例です。棒材全体で考えると、壁から受ける反力 R が F に等しいとき、力はつり合っているといえます。棒材の一部を自由体として取り出したときは、仮想断面に生じる内力 N と荷重 F が同じ大きさになります。(2)は支持台の上に乗った棒材の中央付近に荷重 F が作用している例です。棒材全体で考えると、2 つの支持台から受ける反力 R_1 と R_2 の合計が F に等しいとき、力はつり合っているといえます。物体の一部を自由体として取り出したときは、仮想断面に生じる内力 N と右側の支持台から受ける反力 R_2 が同じ大きさです。(3)は(1)に水平方向の荷重を追加した例です。このような場合は水平方向と垂直方向に分けてつり合いを考えます。棒材全体、自由体ともに、水平方向と垂直方向の力がそれぞれ同じ大きさになります。(1)〜(3)でわかるように、同一平面内に力が作用する場合、物体が静止するためには力の水平方向と垂直方向がそれぞれつり合う必要があります。紙面垂直方向にも力が作用する場合は、紙面垂直方向の力のつり合いも考慮します。

　(1)〜(3)の力のつり合いを考えたとき、動き出しそうなものがあると感じた方もいると思います。実際、取り出した自由体のほとんどはグルグル回転してしまいます。物体が静止するためには、力のつり合いだけではなく、回転（モーメント）に関するつり合いも考慮する必要があります。それについては 2-6 で解説します。

【例題 2-2】　下図のように物体の先端に角度 θ で荷重が与えられている。物体が壁から受ける水平方向の反力 R_H、垂直方向の反力 R_V を求めよ。

《解説》 式(2.2.2)より

$R_H = F\cos\theta$　（水平方向のつり合い）

$R_V = F\sin\theta$　（垂直方向のつり合い）

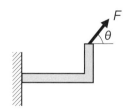

PoiNT 1 モーメントとは

M モーメント

物体を回転させようとする働き
力×距離で計算される（距離：回転軸から作用線までの垂直距離）

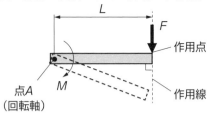

点Aに対するモーメント

$$M=FL \quad \cdots\cdots \ (2.5.1)$$

本書で使用する
単位はN・mm

PoiNT 2 モーメントの計算例

(1)

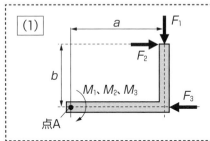

点 A に対するモーメント

$$M_1=F_1 a$$
$$M_2=F_2 b$$
$$M_3=F_3 \times 0=0$$

$\cdots\cdots(2.5.2)$

(2)

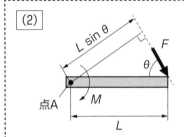

点 A に対するモーメント

$$M=FL \sin \theta \qquad \cdots\cdots(2.5.3)$$

Point 1　モーメントとは

　図のような棒材の先端に力が作用すると、棒材は回転軸を中心に回り始めます。このように物体を回転させようとする働きのことを力のモーメントといいます。本書では単にモーメントと呼ぶことにします。モーメントが伝動軸やボルトなどに作用する場合、ねじりモーメントまたはトルクともいいます。モーメントの大きさは力×距離で計算されます。距離は力の方向に合わせて引いた直線（作用線）から回転軸までの垂直距離（最短距離）を取ります。本書では長さの単位にmmを使用しますので、モーメントの単位はN·mmです。力の大きさが同じであれば回転軸からの距離が遠いほどモーメントは大きくなります。このことはボルトを締め付ける際に、工具の柄が長いほど楽に作業できることなど、身近なもので実感できます。

Point 2　モーメントの計算例

　(1)のようにL型の棒材に様々な方向から力が作用したときのモーメントについて考えてみましょう。力F_1が図の位置に作用した場合、F_1の作用線から点Aまでの垂直距離はaです。したがってモーメントM_1はF_1aとなります。F_2の場合は、作用線から点Aまでの垂直距離がbですので、モーメントM_2はF_2bとなります。F_3は作用線上に点Aがあるため、モーメントは働きません。したがってM_3はゼロです。

　(2)は斜め方向に力が作用した場合です。作用線から点Aまでの垂直距離は$L \sin \theta$ですので、点Aに対するモーメントMは$FL \sin \theta$となります。

【例題2-3】　下図のように棒材に荷重が作用している。それぞれの力によって生じる点A回りのモーメントを求めよ。

《解説》 式(2.5.1)より

F_1によるモーメント　$M_1 = F_1a$

F_2によるモーメントは作用線上に回転軸があるため　$M_2 = 0$

F_3によるモーメント　$M_3 = F_3(a + b)$

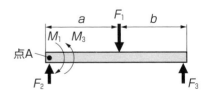

2-6 モーメントのつり合い

POINT 1 モーメントのつり合い

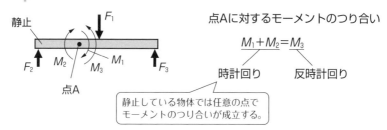

点Aに対するモーメントのつり合い

$$M_1 + M_2 = M_3$$

時計回り　　　反時計回り

静止している物体では任意の点で
モーメントのつり合いが成立する。

POINT 2 力のつり合いとモーメントのつり合い

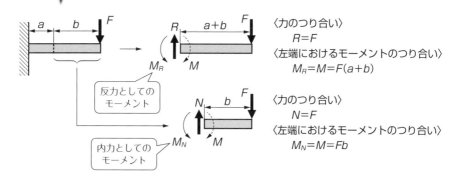

反力としての
モーメント

〈力のつり合い〉
$R = F$
〈左端におけるモーメントのつり合い〉
$M_R = M = F(a+b)$

内力としての
モーメント

〈力のつり合い〉
$N = F$
〈左端におけるモーメントのつり合い〉
$M_N = M = Fb$

POINT 3 物体が静止する条件

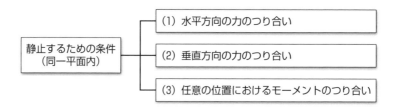

静止するための条件
（同一平面内）

(1) 水平方向の力のつり合い

(2) 垂直方向の力のつり合い

(3) 任意の位置におけるモーメントのつり合い

Point 1　モーメントのつり合い

　同一平面上に作用するモーメントを考えるとき、モーメントには時計回りと反時計回りのものが存在します。図のように棒材に複数のモーメントが作用する場合、同じ回転方向のモーメント同士は足し合わせることができます。また、時計回りのモーメントの合計と反時計回りのモーメントの合計が等しいとき、モーメントはつり合っており、棒材は回転することはありません。図では点 A について考えていますが、静止している物体においては、モーメントのつり合いは任意の点で成立します。

Point 2　力のつり合いとモーメントのつり合い

　2-4 では力のつり合いだけを考えましたが、明らかに回転しそうです。そこでモーメントのつり合いについても考えてみましょう。まず、棒材全体を自由体として取り出します。力のつり合いは $R=F$ でした。このままでは時計回りに回転してしまいますので、モーメントのつり合いについて考えていきます。自由体の左端におけるモーメントを考えた場合、荷重 F により $M=F(a+b)$ のモーメントが時計回りに作用しています。自由体は静止していますので、この M と同じ大きさで反対回りのモーメント M_R が反力として左端に作用していると考えることができます。この M_R は反力 R と同じく、壁から棒材に対して作用しているモーメントです。次に、物体の一部を切り離した自由体で考えます。この場合の力のつり合いは $N=F$ でした。これもこのままでは時計回りに回転しますので、自由体の左端にはモーメント $M_N=Fb$ が内力として作用していると考えることができます。この M_N は内力 N と同じく、切り離した棒材の残りの部分から自由体に対して作用しているモーメントです。モーメントを考える際に、そのモーメントが荷重により直接生じるものなのか、反力あるいは内力として生じるものなのかをよく理解することが重要になります。本項では荷重により直接生じるモーメントを M、反力としてのモーメントを M_R、内力としてのモーメントを M_N としています。

Point 3　物体が静止する条件

　2-4 と本項からわかるように、同一平面上にある物体や、その一部を取り出した自由体が静止するための条件は 3 つです。(1)水平方向の力のつり合い、(2)垂直方向の力のつり合い、そして(3)任意の位置におけるモーメントのつり合い、これらを満たすことによって物体は静止します。材料力学の強度計算式は、物体が静止していることを前提に導かれているので、非常に重要な考え方です。

2-7 支持条件

PoINT 1 支持条件の違いの影響

(1)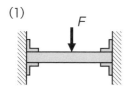

(2)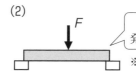

(1)に対して、
発生応力2倍、たわみ4倍

※棒材の長さ、形状、材質が
同じ場合

PoINT 2 代表的な支持条件の特徴

支持条件		回転	水平移動	垂直移動
固定支持 （固定端）	R_V R_H M_R	×	×	×
単純支持 （回転端）	〈回転支持〉 R_H R_H R_V R_V	○	×	×
	〈移動支持〉 R_V	○	○	×
自由端		○	○	○

Point 1　支持条件の違いの影響

　荷重の大きさや作用する位置、物体の形状などが全く同じでも、支持条件が異なると物体への影響が変わってきます。(1)(2)の例で見ていきましょう。2つの棒材は同じ長さ、形状、材質で、同じ大きさの力 F が中央部に加えられています。(1)は壁にネジと L アングルでしっかりと固定されているのに対し、(2)は台の上に乗っているだけです。両者の大きな違いは両端で自由に回転ができるかどうかです。(1)が回転することができないのに対して、(2)は自由に回転することができます。その結果、(1)と比べて(2)は発生応力が2倍、たわみが4倍になります（L アングルの影響は除く）。支持条件の影響が非常に大きいことがわかると思います。この違いは支持条件によって力とモーメントのつり合いの式が変わることに起因します。

Point 2　代表的な支持条件の特徴

　代表的な支持条件の特徴を見ていきましょう。固定支持（固定端）は壁に埋め込まれた物体や溶接された部品など、完全に固定された状態をモデル化したものです。支持点では回転、水平移動、垂直移動のいずれもできません。そのため、支持点から物体に対して反力としてのモーメント M_R、水平および垂直方向の反力 R_H、R_V が作用します。Point 1 の(1)の両端は固定支持とみなすことができます。

　単純支持（回転端）は回転が自由にできる支持方法です。モーメントが作用してもグルグル回転するため、支持点から反力としてのモーメントを受けません。単純支持には垂直移動と水平移動の両方を拘束する回転支持と、垂直方向のみを拘束する移動支持があります。回転支持は物体が台などに単純に乗っているような状態やピンジョイントをモデル化したものです。Point 1 の(2)は回転支持に近いと考えることができます。この場合、支持点からは水平、垂直両方の反力 R_H、R_V を受けます。移動支持は水平移動が自由なので、支持点から垂直方向の反力 R_V のみを受けます。

　ほかの物体に固定されていない端部を自由端といいます。何からも拘束されていないので、支持点からモーメントや反力を受けません。

　これらの支持条件を組合せることによって、様々な条件の強度計算を行うことができるようになります。実際の製品では、厳密にこれらの支持条件に合致することはほとんどありません。設計対象の製品がどの支持条件に近いかを判断して、モデル化することが大切です。

2-8 荷重

POINT 1 荷重の種類

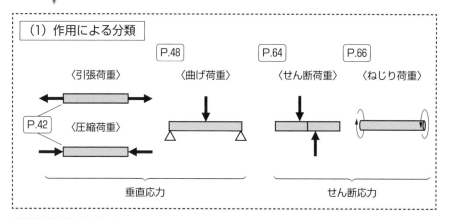

(1) 作用による分類

P.48　　P.64　　P.66

〈引張荷重〉　〈曲げ荷重〉　〈せん断荷重〉　〈ねじり荷重〉

P.42　〈圧縮荷重〉

垂直応力　　　　　せん断応力

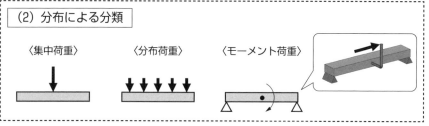

(2) 分布による分類

〈集中荷重〉　〈分布荷重〉　〈モーメント荷重〉

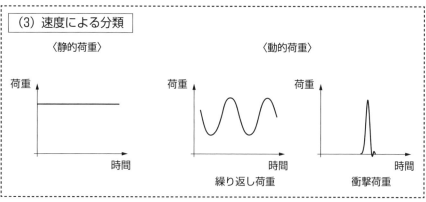

(3) 速度による分類

〈静的荷重〉　　　　　　　〈動的荷重〉

荷重　　　荷重　　　荷重

時間　　　時間　　　時間

繰り返し荷重　　　衝撃荷重

POINT 1　荷重の種類

　物体は何らかの荷重を受けることによって、変形したり、壊れたりします。同じ大きさの荷重でも、その種類や形態が異なると、物体への影響が違ってきます。例えば、割り箸を手で引きちぎろうとしても困難ですが、親指を割り箸の中央付近に当てて力を入れると、簡単に折ることができます。また、針金は容易に曲げることができますが、1度曲げたぐらいでは破断しません。しかし、何度も曲げたり伸ばしたりを繰り返すと、破断してしまいます（疲労破壊）。人の力はそれほど変わらないはずですが、物体への影響は荷重のかけ方や形態で大きく異なることがわかります。

　荷重は以下の3つの方法で分類することができます。

《(1)作用による分類》

　物体に荷重が加わると、応力が発生します。次項で解説するように、応力には作用する方向によって垂直応力とせん断応力があります。荷重には主に垂直応力を生じさせる引張荷重、圧縮荷重、曲げ荷重と、主にせん断応力を生じさせるせん断荷重、ねじり荷重があります。荷重ごとに強度計算式が異なるため、製品に加わっている荷重がどの荷重に相当するのかをよく考える必要があります。それぞれの荷重における強度計算式は図に記載の各ページで解説しています。

《(2)分布による分類》

　物体の1点に集中して作用する荷重を集中荷重、ある一定の範囲で荷重が分布しているものを分布荷重といいます。モーメント荷重は物体の1点を回転させようとする力（モーメント）が加わる荷重です。少しわかりづらいですが、電動ドライバーで物体の1点を回すような状況をイメージすればよいと思います。荷重の分布は本書では主に曲げ荷重の強度計算の際に考慮します。

《(3)速度による分類》

　荷重の大きさが時間軸で変化しないものを静的荷重といいます。物体にゆっくりと荷重が与えられるようなケースです。また、時間軸で変化する荷重を動的荷重といいます。荷重が強くなったり弱くなったりする繰り返し荷重や、衝撃荷重が代表的です。一般に静的荷重よりも動的荷重の方が物体により大きな影響を与えます。材料力学の強度計算式は静的荷重であることが前提であるため、時間軸で大きく変化する場合は注意が必要です。

2-9 応力

Point 1 応力とは

応力 | 仮想断面における単位面積当たりの内力
長さをmmとした場合の単位はN/mm²またはMPa

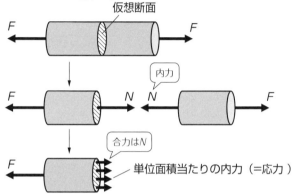

仮想断面

F ← → F

内力

F ← → N　N ← → F

合力はN

F ← 単位面積当たりの内力（＝応力）

Point 2 垂直応力とせん断応力

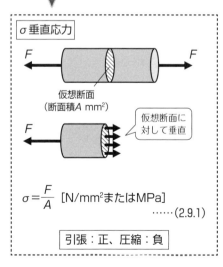

σ 垂直応力

F ← → F

仮想断面
（断面積A mm²）

仮想断面に対して垂直

$$\sigma = \frac{F}{A} \ [\text{N/mm}^2 \text{または MPa}]$$
……(2.9.1)

引張：正、圧縮：負

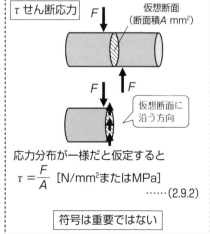

τ せん断応力

仮想断面
（断面積A mm²）

F

F　F

仮想断面に沿う方向

応力分布が一様だと仮定すると
$$\tau = \frac{F}{A} \ [\text{N/mm}^2 \text{または MPa}]$$
……(2.9.2)

符号は重要ではない

Point 1　応力とは

　2–3 で解説した通り、力のつり合いを考えたとき、仮想断面には内力 N が生じていると考えることができます。この内力によって物体は変形したり、壊れたりします。そのため、物体の各断面における内力の大きさを知ることが大切です。しかし、内力が大きいとしても、断面が十分に大きいのであれば、物体への影響は小さいと予想されます。そこで内力の影響を知るために、応力という考え方を導入します。応力は断面における単位面積当たりの内力のことです。応力が大きいほど、物体への影響は大きくなります。

Point 2　垂直応力とせん断応力

　応力には様々な名称が付けられており、わかりづらくさせる原因になっています。まずは、垂直応力とせん断応力の 2 つについて理解しましょう。垂直応力は断面に対して垂直方向に作用する応力です。引張、圧縮、曲げ荷重のときに主に考えます。せん断応力は断面に沿う方向に生じる応力です。せん断、ねじり荷重のときに主に考えます。垂直応力とせん断応力は同じ応力ですが、物体に与える影響が異なるため、記号をそれぞれ σ、τ で表し、区別して考えます。引張、圧縮荷重の場合は、断面に対して応力分布が一様であるため、単純に荷重を断面積で割るだけで垂直応力を求めることができます。垂直応力には符号があり、引張応力の場合は正、圧縮応力の場合は負で表します。曲げ荷重の場合は、応力分布が一様ではないため、荷重を断面積で割るだけでは求めることができません（3–4 以降参照）。せん断荷重の場合は、厳密には異なるものの、応力分布が一様だと仮定すると、荷重を断面積で割れば求めることができます。ねじり荷重の場合は、曲げ荷重と同様、応力分布は一様ではなく、3–13 で紹介する方法で計算します。せん断応力にも符号はありますが、実務上、特に区別する必要はありません。

【例題 2–4】　細い丸棒 a に引張荷重 200 N が、太い丸棒 b に引張荷重 400 N が作用している。応力を比較することにより、どちらの丸棒がより大きな影響を受けるか調べよ。

《解説》

（丸棒 a）　$\sigma = \dfrac{F}{A} = \dfrac{200}{20} = 10 \,\mathrm{MPa}$

（丸棒 b）　$\sigma = \dfrac{F}{A} = \dfrac{400}{80} = 5 \,\mathrm{MPa}$

したがって、細い丸棒 a への影響がより大きい。

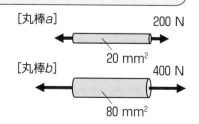

2-10 ひずみ

POINT 1 ひずみとは

| ひずみ | 単位長さ当たりの変形割合または角度の変化
（単位はつけないか100倍して%で表す） |

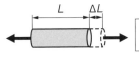

変形量を元の長さで割ったもの

$$ひずみ = \frac{\Delta L}{L}$$

※垂直ひずみの場合

---

(1)

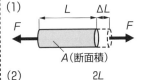

A（断面積）

$$ひずみ = \frac{\Delta L}{L}$$

(2)

$$ひずみ \quad \frac{2\Delta L}{2L} = \frac{\Delta L}{L}$$

A（断面積）

変形量：2倍
ひずみ：同じ

※2つの棒材は同じ材料とする。
※変形量の計算式は式（2.12.5）参照

POINT 2 垂直ひずみとせん断ひずみ

ε 垂直ひずみ

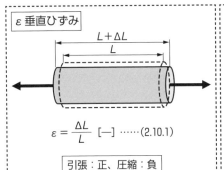

$$\varepsilon = \frac{\Delta L}{L} \; [-] \; \cdots\cdots (2.10.1)$$

| 引張：正、圧縮：負 |

γ せん断ひずみ

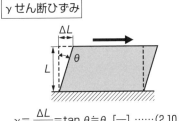

$$\gamma = \frac{\Delta L}{L} = \tan\theta \fallingdotseq \theta \; [-] \; \cdots\cdots (2.10.2)$$

※ θ は rad（ラジアン）　| 度 $= rad \times \dfrac{180}{\pi}$ |

Point 1　ひずみとは

　物体に荷重が加わると変形を起こします。強度設計では発生応力と合わせて、変形の大きさが重要な検証ポイントです。変形を考える際には、ひずみという考え方を導入します。ひずみは単位長さ当たりの変形割合または角度の変化のことで、応力とともに強度設計を行う上で最も重要な考え方です。単位はつけないか、100 倍して％で表します。

　前項で解説した通り、荷重の影響は、荷重（内力）自体の大きさではなく、応力の大きさによって評価をする必要があります。変形についても、同様のことがいえます。(1)、(2)の例で見てみましょう。2 つの棒材は同じ材料、断面で同じ大きさの引張荷重が与えられており、(1)は(2)の半分の長さだとします。後述する計算式(2.12.5)を使って変形量を計算すると、(2)の方が(1)より 2 倍大きくなります。変形量の大きさだけを見ると、(2)の方が厳しい条件に思えます。しかし、ひずみの大きさを見ると、(1)、(2)は同じ値です。つまり、変形の厳しさという点では両者は同等だということが、ひずみを見ることによって理解することができます。したがって、変形を見る際は、変形量だけではなく、ひずみも確認する必要があるということです。

Point 2　垂直ひずみとせん断ひずみ

　ひずみは応力が生じているところで発生します。垂直応力に対応するひずみを垂直ひずみ、せん断応力に対応するひずみをせん断ひずみといいます。記号はそれぞれ ε、γ で表します。垂直ひずみは Point 1 の例と同じく、変形量を元の長さで割ることによって求めることができます。符号は応力と同様、引張の場合が正、圧縮の場合が負です。せん断ひずみは、直角からのずれ量を表します。通常、単にひずみというと垂直ひずみのことを指します。

【例題 2-5】　120 mm の棒材に引張荷重を加えたところ、垂直ひずみが 0.15 ％となった。棒材の変形量を求めよ。

《解説》式（2.10.1）より

$$\Delta L = \varepsilon L = \frac{0.15}{100} \times 120 = 0.18 \, \text{mm}$$

2-11 ポアソン比

Point 1 ポアソン比とは

□ ν ポアソン比

引張／圧縮荷重を加えたときの、縦ひずみに対する横ひずみの比。
材料の変形に関する特性を表す重要な定数。

値を正にするために絶対値を取るかマイナスをつける

$$\nu = \left| \frac{\varepsilon_d}{\varepsilon} \right| = -\frac{\varepsilon_d}{\varepsilon} \qquad \cdots\cdots (2.11.1)$$

$$\begin{cases} \varepsilon = \dfrac{\Delta L}{L} \ (縦ひずみ) \quad \cdots\cdots (2.11.2) \\[2mm] \varepsilon_d = \dfrac{\Delta d}{d} \ (横ひずみ) \quad \cdots\cdots (2.11.3) \end{cases}$$

Point 2 各種材料のポアソン比[1]

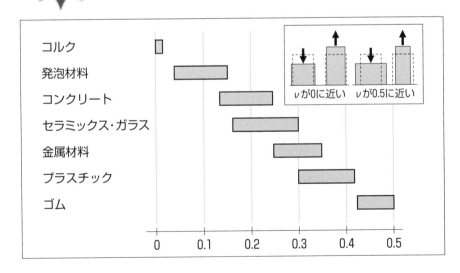

νが0に近い　νが0.5に近い

コルク
発泡材料
コンクリート
セラミックス・ガラス
金属材料
プラスチック
ゴム

0　0.1　0.2　0.3　0.4　0.5

1）材料メーカーカタログ等より筆者作成

POINT 1　ポアソン比とは

　引張／圧縮荷重で棒材が伸縮するとき、棒材は荷重方向（縦方向）だけではなく荷重と垂直な方向（横方向）にも変形します。縦方向のひずみを縦ひずみ、横方向のひずみを横ひずみとしたとき、その比をポアソン比といいます。ポアソン比は材料の変形に関する特性を表す重要な定数で、同じ材料であれば一定の値を持ちます。強度設計では縦弾性係数を使って横弾性係数を換算する際にポアソン比を使います（2-13 参照）。CAE（構造解析）を利用する際にも材料特性として必要になります。ポアソン比は比であるため、単位はありません。

POINT 2　各種材料のポアソン比

　ほとんどの材料のポアソン比は 0～0.5 の範囲に入ります。ポアソン比が 0 に近いのは、縦方向の荷重を加えても横方向にほとんど変形しない多孔質の材料です。代表的な材料がコルクで、ポアソン比はほぼ 0 です。縦方向の荷重に対して直径が変わらないという特徴を活かし、ワインの栓に利用されています。一方、ポアソン比が 0.5 に近いのが、ゴムのような軟質の材料です。ゴムは縦方向の荷重を加えると、横方向に大きく伸縮します。そのため変形しても体積変化がほとんどなく、非圧縮性と呼ばれる性質を持ちます。非圧縮性の性質を利用して、免震建築用の積層ゴムに利用されています。工業材料として主に使用されている金属材料は 0.3 前後、プラスチックは 0.3～0.4 程度です。

> 【例題 2-6】　下図のようなアルミニウム合金製ブロックに圧縮荷重を加えたところ、高さ寸法が 1.5 mm 縮んだ。アルミニウム合金のポアソン比が 0.34 のとき、幅寸法の変化量を求めよ。

《解説》 式 (2.11.2) より

$$\varepsilon = \frac{\Delta L}{L} = -\frac{1.5}{100} = -0.015$$

式 (2.11.1)、(2.11.3) より

$$\Delta d = \varepsilon_d d = -\varepsilon \nu d = -(-0.015) \times 0.34 \times 100 = 0.51 \text{ mm}$$

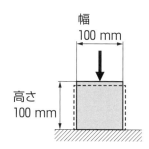

幅
100 mm

高さ
100 mm

2-12 フックの法則

POINT 1 フックの法則とは

フックの法則　力と伸びが比例関係になること。フックの法則に従う変形を弾性変形、弾性変形する材料を弾性体という。

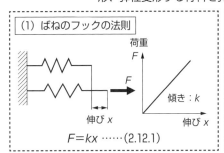

(1) ばねのフックの法則

荷重 F

傾き：k

伸び x

$F = kx$ ……(2.12.1)

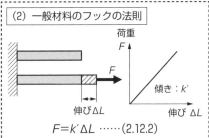

(2) 一般材料のフックの法則

荷重 F

傾き：k'

伸び ΔL

$F = k' \Delta L$ ……(2.12.2)

POINT 2 垂直応力・せん断応力とフックの法則

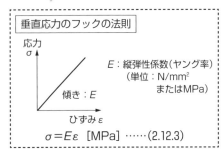

垂直応力のフックの法則

応力 σ

傾き：E

ひずみ ε

E：縦弾性係数（ヤング率）
（単位：N/mm^2
またはMPa）

$\sigma = E\varepsilon$ [MPa] ……(2.12.3)

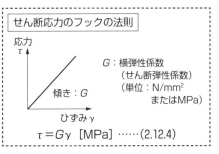

せん断応力のフックの法則

応力 τ

傾き：G

ひずみ γ

G：横弾性係数
（せん断弾性係数）
（単位：N/mm^2
またはMPa）

$\tau = G\gamma$ [MPa] ……(2.12.4)

POINT 3 フックの法則を使った変形量の計算

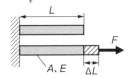

L

F

$A、E$　ΔL

(2.9.1)、(2.10.1)、(2.12.3)より

$$\Delta L = \frac{FL}{EA} \text{ [mm]} \cdots\cdots(2.12.5)$$

F：荷重[N]、A：断面積[mm^2]、L：棒材の長さ[mm]

Point 1　フックの法則とは

　ばねを引っ張ると、かけた力の大きさに応じて伸びます。このときの引っ張る力を F、ばねの伸びを x、ばね定数を k とすると、力と伸びは比例関係となり $F = kx$ という式が成り立ちます。このことをフックの法則といいます。ばね定数 k はグラフの傾きを表し、大きいほど伸びにくいばねであることを示しています。フックの法則は金属材料やプラスチックなどの材料でも、微小変形の場合には成り立ちます。また、フックの法則に従う変形を弾性変形、弾性変形をする材料を弾性体といいます。

Point 2　垂直応力・せん断応力とフックの法則

　金属材料やプラスチックでもばねと同じように、荷重と変形量（伸び）の関係に着目してもよいのですが、物体の大きさによって式が変わってしまうため不便です。そこで荷重の代わりに応力、変形量の代わりにひずみを用いると、物体の大きさに無関係の式を導くことができます。式(2.12.3)、(2.12.4)はそれぞれ垂直応力、せん断応力に対応したフックの法則です。傾きを表す係数はそれぞれの場合で名称が異なり、垂直応力の場合は縦弾性係数（またはヤング率）E、せん断応力の場合は横弾性係数（またはせん断弾性係数）G です。E、G が大きいほど変形しにくい材料であることを示しています（次頁参照）。

Point 3　フックの法則を使った変形量の計算

　材料力学のあらゆる強度計算式はフックの法則を使って導かれます。本項では引張・圧縮荷重による棒材の変形量の計算式を紹介します。式(2.9.1)、(2.10.1)の応力とひずみの定義と、フックの法則を用いることにより、変形量を計算することができます。式を見るとわかるように、縦弾性係数が2倍になると、変形量は半分になります。変形しにくい製品にしようと思えば、縦弾性係数の大きな材料を選定することが有力な手段になります。

【例題2-7】 φ2.8 mm、長さ80 mmの丸棒に3 kNの引張荷重を加えた。丸棒の変形量を求めよ。丸棒の縦弾性係数は206 GPaとする。

《解説》

式(2.12.5)より

$$\Delta L = \frac{FL}{EA} = \frac{3 \times 10^3 \times 80}{206 \times 10^3 \times 3.14 \times \left(\frac{2.8}{2}\right)^2} \fallingdotseq 0.19 \text{ mm}$$

2-13 工業材料の弾性係数

PoiNT 1 工業材料の縦弾性係数[1]

(1) 様々な工業材料の縦弾性係数

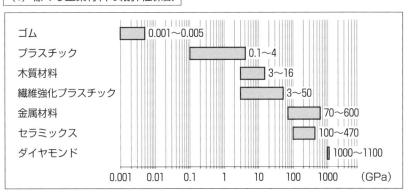

ゴム	0.001〜0.005
プラスチック	0.1〜4
木質材料	3〜16
繊維強化プラスチック	3〜50
金属材料	70〜600
セラミックス	100〜470
ダイヤモンド	1000〜1100

0.001 0.01 0.1 1 10 100 1000 (GPa)

(2) 代表的な工業材料の縦弾性係数

材　料		縦弾性係数 E [GPa]
鉄鋼材料	一般構造用圧延鋼材（SS400）	206
	ステンレス鋼（SUS304）	193
非鉄金属材料	アルミニウム合金（A5052）	70
	銅合金（黄銅 C2600）	110
	マグネシウム合金（AZ91D）	45
	亜鉛合金（ZDC2）	90
プラスチック	ポリプロピレン（PP）	1.4
	ナイロン6（PA6）（絶乾）	3
	ナイロン6（PA6）30％GF 強化（絶乾）	9.3

※値は代表値を示す。熱処理、厚み、加工法、配合等により値は変動することに注意。

1）グラフ、表は材料メーカーカタログ、物質・材料研究機構（NIMS）材料データベース等より筆者作成。

Point 2　横弾性係数を求める換算式

ポアソン比と弾性係数の関係

$$G = \frac{E}{2(1+\nu)} \quad \cdots\cdots(2.13.1)$$

※ただし、等方性材料の場合のみ成り立つ。

Point 1　工業材料の縦弾性係数

　(1)のグラフに示すように工業材料には様々な縦弾性係数を持った材料があります。柔らかい材料の代表格であるゴムから、硬い材料の代表格であるダイヤモンドに至るまで、極めて広範囲の値を持っています。プラスチックは比較的柔らかい材料ですが、ゴムの値に近い軟質材料や金属材料の値に近い繊維強化プラスチックもあり、種類による違いが大きな材料です。金属材料は他の材料に比べると大きな縦弾性係数を持った変形しにくい材料だといえます（(2)の表参照）。金属材料の中でも鉄鋼材料は一般に大きな縦弾性係数を持ちます。

Point 2　横弾性係数を求める換算式

　横弾性係数は材料にせん断荷重、ねじり荷重が加わったときの変形のしにくさを示します。ただし、横弾性係数は測定が容易ではないこともあり、縦弾性係数のように簡単に入手することができません。そこで利用されるのが、式(2.13.1)の換算式です。材料の特性が方向によって変わらない等方性材料の場合、横弾性係数はポアソン比と縦弾性係数を使って換算することができます。例えば、金属材料はポアソン比が0.3前後ですので、横弾性係数を式(2.13.1)で計算すると、横弾性係数は縦弾性係数の4割程度の値になることがわかります。CAEを行う際も、横弾性係数の代わりにポアソン比を入力することが一般的です。式(2.13.1)で計算した値と実際の試験で測定した値はぴったり合わないこともあります。これは実際の材料は完全な等方性ではないためです。

【例題2-8】　軸部品の候補材料としてアルミニウム合金を考えている。材料メーカーより縦弾性係数（69.5 GPa）とポアソン比（0.327）の値を入手した。この材料が等方性材料であると仮定して、横弾性係数 G を求めよ。

《解説》　式(2.13.1)より、$G = \dfrac{E}{2(1+\nu)} = \dfrac{69.5}{2(1+0.327)} \fallingdotseq 26.2\,\text{GPa}$

PoiNt 1 線膨張係数とは

α 線膨張係数

物体の温度が1℃変化したときの単位長さ当たりの伸縮量
単位は1/℃（金属材料では×10^{-6}/℃、プラスチックでは×10^{-5}/℃を使うことが一般的）

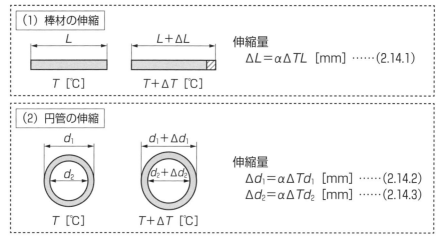

(1) 棒材の伸縮

L

$L+\Delta L$

T [℃]

$T+\Delta T$ [℃]

伸縮量
$$\Delta L = \alpha \Delta T L \ [mm] \cdots\cdots (2.14.1)$$

(2) 円管の伸縮

d_1

$d_1+\Delta d_1$

d_2

$d_2+\Delta d_2$

T [℃]

$T+\Delta T$ [℃]

伸縮量
$$\Delta d_1 = \alpha \Delta T d_1 \ [mm] \cdots\cdots (2.14.2)$$
$$\Delta d_2 = \alpha \Delta T d_2 \ [mm] \cdots\cdots (2.14.3)$$

L：棒材の長さ [mm]、d：外径、内径 [mm]

PoiNt 2 各種材料の線膨張係数[1]

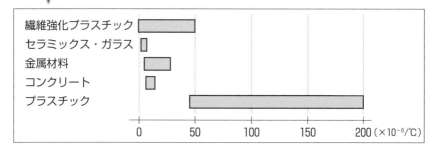

繊維強化プラスチック
セラミックス・ガラス
金属材料
コンクリート
プラスチック

0　　50　　100　　150　　200（×10^{-6}/℃）

1) 材料メーカーカタログ等より筆者作成

Point 1　線膨張係数とは

　物体は温度が変化すると伸縮します。ほとんどの材料は、温度が上がると伸び、下がると縮みます。伸縮の程度は材料によって異なり、その大きさは線膨張係数 α を使って表されます。線膨張係数は物体の温度が1℃変化したときの単位長さの当たりの伸縮量のことです。すなわち、(1)で示すように、長さ L の棒材の温度が ΔT ℃変化すると、$\alpha \Delta TL$ 伸縮することがわかります。単位は 1/℃ですが、数値が非常に小さいため、金属材料やセラミックスなどでは $\times 10^{-6}$/℃、プラスチックでは $\times 10^{-5}$/℃を使って表すことが一般的です。異種材料を比較するときには単位の違いに気をつける必要があります。また、(2)に示すように伸縮は物体の長さ方向だけでなく、断面も同様に変化します。

　温度変化により物体が伸縮すると、支持条件に応じて内部に応力が発生します。このようにして生じる応力を熱応力といいます。熱応力の計算方法については 3-3 で解説します。熱により伸び縮みする現象をうまく利用している製品や加工方法もあります。温度制御機器に使用されるバイメタルや部品同士を接合する焼きばめなどが代表例です。

Point 2　各種材料の線膨張係数

　線膨張係数は材料によって大きな違いがあります。また、同種類の材料でも非常に大きな幅があるものもあります。一般に、融点が高い材料ほど線膨張係数は小さい傾向にあるといえます。金属材料とプラスチックなど、線膨張係数の差が大きな材料を組合せて使用する場合は、両者の伸縮量の差により、変形や熱応力の原因になりますので、特に注意が必要です。

【例題 2-9】　下図のように、部品 A を加熱することによって部品 B を組み付けたい（焼きばめ）。部品 A を最低何℃上昇させる必要があるか。部品 A の線膨張係数は 11.4×10⁻⁶/℃とする。

《解説》 内径 d を少なくとも 100.2 mm より大きくしなければならない。

式(2.14.3)より

$$\Delta d = \alpha \Delta Td > 0.2$$

$$\Delta T > \frac{0.2}{\alpha d} = \frac{0.2}{11.4 \times 10^{-6} \times 100} \fallingdotseq 175.4$$

最低 175.4 ℃上昇させる必要がある。

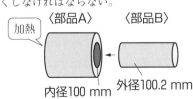

2-15 静定問題と不静定問題

POINT 1 静定問題と不静定問題

| 静定問題 |
| 力とモーメントのつり合いの条件だけで計算できる。 |

〈静定問題の代表例〉

| 不静定問題 |
| 力とモーメントのつり合いの条件だけでは計算できない。物体の変形を条件に入れるなどの方法によって解くことができる。 |

〈不静定問題の代表例〉

POINT 2 静定問題の解法例

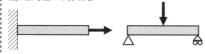

棒材に生じる応力 σ を求めたい
※A：断面積

壁から受ける反力をRとすると、力のつり合いより

$$R = F \cdots\cdots (2.15.1)$$

したがって

$$\sigma = \frac{F}{A}$$

未知数が1つに対して式が1つあるため、反力が決定できる。

POINT 3 不静定問題の解法例

棒材に生じる応力σ_1、σ_2を求めたい
※E：縦弾性係数　A：断面積

壁から受ける反力をR_1、R_2とすると、力のつり合いより

$$R_1 + R_2 = F \cdots\cdots (2.15.2)$$

変形について考える

未知数が2つあるため、反力は決まらない。

右図のような自由体を考えると、式(2.12.5)より

$$\Delta L_1 = \frac{R_1 L_1}{EA} \qquad \Delta L_2 = -\frac{R_2 L_2}{EA}$$

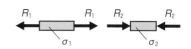

全体の変形量はゼロなので

$$\Delta L_1 + \Delta L_2 = \frac{R_1 L_1}{EA} - \frac{R_2 L_2}{EA} = 0$$

$$\cdots\cdots (2.15.3)$$

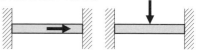
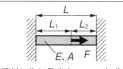

式(2.15.2)、(2.15.3)より

$$R_1 = \frac{L_2}{L_1 + L_2} F = \frac{L_2}{L} F \qquad R_2 = \frac{L_1}{L_1 + L_2} F = \frac{L_1}{L} F$$

したがって

$$\sigma_1 = \frac{R_1}{A} = \frac{FL_2}{AL} \text{（引張応力）} \qquad \sigma_2 = -\frac{R_2}{A} = -\frac{FL_1}{AL} \text{（圧縮応力）}$$

Point 1　静定問題と不静定問題

　材料力学の多くの問題は、力とモーメントのつり合いの条件だけで計算することができます。このような問題を静定問題といいます。一方、力とモーメントのつり合いの条件だけでは計算できない問題も存在します。そのような問題を不静定問題といいます。不静定問題は物体の変形を条件に入れるなどの方法で解くことができます。材料力学の解説書では必ず出てくる言葉ですので、以下の簡単な問題で解法の違いを理解しましょう。

Point 2　静定問題の解法例

　左端のみ壁に固定された棒材を引っ張ったときの応力について考えてみます。この問題ではモーメントは生じないため、力のつり合いだけを考えます。壁から受ける反力を R とすると、力のつり合いより、式(2.15.1)のように表すことができます。未知数は R の 1 つだけですので、この式だけで反力 R は決定します。したがって、この問題は静定問題であることがわかります。あとは力を断面積で割れば応力を求められます。

Point 3　不静定問題の解法例

　次に、図のように両端を壁に固定された棒材に荷重が加えられたケースを考えます。この場合もモーメントは生じませんので、力のつり合いだけを考えていきます。壁から受ける反力が左右で異なるため、それぞれ R_1、R_2 とおきます。力のつり合いより、式(2.15.2)となります。未知数が R_1、R_2 の 2 つあるため、この式だけでは反力は決定しません。そこで棒材の変形について考えます。図のような自由体を考えると、式(2.12.5)より、変形量 ΔL_1、ΔL_2 が求められます。全体の変形量はゼロになるため、式(2.15.3)が求まります。式(2.15.2)、(2.15.3)の 2 式があって初めて、反力 R_1、R_2 が決定します。したがって、この問題は不静定問題であることがわかります。

重心と図心

　物体を小片に分割して考えると、各小片にはその質量に応じて重力が作用しています。重力はベクトル量ですので、合成することができます。すべての小片に作用する重力を合成し、物体の1点に集約した点が重心です。重心は物体に1つだけ存在し、重力による重心まわりのモーメントはつり合っています。つまり、重心をワイヤーや支点などで支えると、回転することなく静止します。重心は製品のバランスや動きを考える際に必ず考慮すべき重要な位置です。手計算で求めることができますが、3DCADでも簡単に位置を調べることができます。

重心

すべての小片に作用する重力を合成し、物体の1点に集約した点。
重心は1つだけ存在し、重心を支持すると力がつり合う。

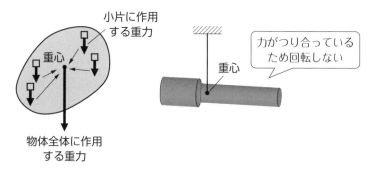

小片に作用する重力

重心

物体全体に作用する重力

力がつり合っているため回転しない

重心

　物体の厚みと比重が一定の場合や平面図形の場合、重心のことを図心とも呼びます。曲げ荷重による発生応力（3-4～）や座屈（3-15）などを検討する際に、図心の位置が影響してきます。強度設計で問題になるのは、図心を通る直線（中立軸）までの距離 e です。中立軸については3-6で解説します。付録(1)で代表的な図形の e を示します。

図心

比重が一様な平面図形の場合、その重心を図心という。

回転しない

図心

図心

中立軸

e

第 3 章

基本的な強度計算の方法

3-1 引張荷重と圧縮荷重(1)

基本的な強度計算式

Point 1 引張荷重・圧縮荷重の強度計算式

(1) 棒材の引張

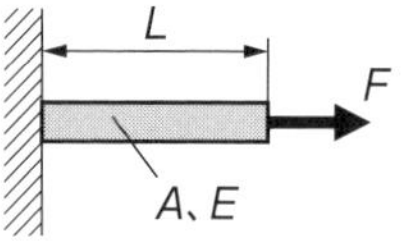

〈応力〉 $\sigma=\dfrac{F}{A}$ [MPa] ……(3.1.1)

〈ひずみ〉 $\varepsilon=\dfrac{\sigma}{E}=\dfrac{F}{EA}$ [—] ……(3.1.2)

〈変形量〉 $\Delta L=\varepsilon L=\dfrac{FL}{EA}$ [mm] ……(3.1.3)

(2) 棒材の圧縮

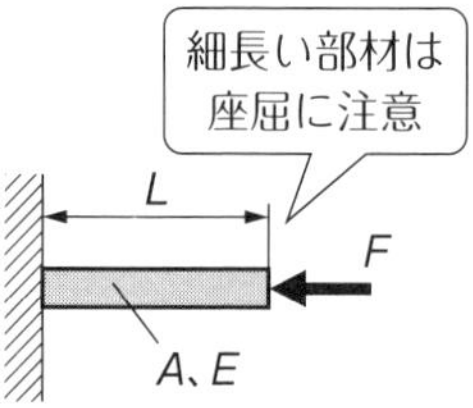

〈応力〉 $\sigma=-\dfrac{F}{A}$ [MPa] ……(3.1.4)

〈ひずみ〉 $\varepsilon=\dfrac{\sigma}{E}=-\dfrac{F}{EA}$ [—] ……(3.1.5)

〈変形量〉 $\Delta L=\varepsilon L=-\dfrac{FL}{EA}$ [mm] ……(3.1.6)

(3) 段付き棒材の引張

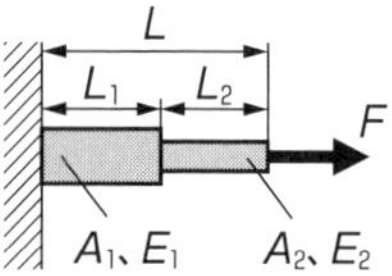

〈応力〉 $\sigma_1=\dfrac{F}{A_1}$ [MPa] ……(3.1.7)

$\sigma_2=\dfrac{F}{A_2}$ [MPa] ……(3.1.8)

〈ひずみ〉 $\varepsilon_1=\dfrac{\sigma_1}{E_1}=\dfrac{F}{E_1A_1}$ [—] ……(3.1.9)

$\varepsilon_2=\dfrac{\sigma_2}{E_2}=\dfrac{F}{E_2A_2}$ [—] ……(3.1.10)

〈変形量〉 $\Delta L=\varepsilon_1L_1+\varepsilon_2L_2$

$=\dfrac{FL_1}{E_1A_1}+\dfrac{FL_2}{E_2A_2}$ [mm] ……(3.1.11)

---

(4) 円管＋丸棒の引張

〈応力〉　　$\sigma_1 = \dfrac{FE_1}{E_1A_1 + E_2A_2}$ [MPa]　……(3.1.12)

　　　　　$\sigma_2 = \dfrac{FE_2}{E_1A_1 + E_2A_2}$ [MPa]　……(3.1.13)

〈ひずみ〉　$\varepsilon_1 = \dfrac{\sigma_1}{E_1} = \dfrac{F}{E_1A_1 + E_2A_2}$ [－]　……(3.1.14)

　　　　　$\varepsilon_2 = \dfrac{\sigma_2}{E_2} = \dfrac{F}{E_1A_1 + E_2A_2}$ [－]　……(3.1.15)

〈変形量〉　$\Delta L = \varepsilon_1 L = \varepsilon_2 L$

　　　　　　　$= \dfrac{FL}{E_1A_1 + E_2A_2}$ [mm]　……(3.1.16)

剛体板

丸棒A_1、E_1　円管A_2、E_2

F：荷重 [N]、A：断面積 [mm²]、E：縦弾性係数 [MPa]

Poɪɴᴛ 1　引張荷重・圧縮荷重の強度計算式

　(1)～(3)の計算例は、2章で解説した力のつり合いを考えるだけで計算することができます。圧縮荷重の場合は、計算式は引張荷重の場合と全く同じですが、符号がマイナスになることと、部材が細長い場合に座屈の可能性があることに注意が必要です。座屈については 3-15 で解説します。(4)の計算例はつり合いに加えて、円管と丸棒の変形量が同じであることを利用して解く不静定問題です。

【例題 3-1】 直径 4 mm、長さ 200 mm、縦弾性係数 2500 MPa の丸棒の両端を 500 N の荷重で引っ張った。この丸棒に発生する応力、ひずみ、変形量を求めよ。

《解説》

丸棒の断面積は　$A = 3.14 \times \left(\dfrac{4}{2}\right)^2 = 12.56$ mm²

式(3.1.1)より　$\sigma = \dfrac{F}{A} = \dfrac{500}{12.56} \fallingdotseq 39.8$ MPa

式(3.1.2)より　$\varepsilon = \dfrac{\sigma}{E} = \dfrac{39.8}{2500} \fallingdotseq 0.0159$

式(3.1.3)より　$\Delta L = \varepsilon L = 0.0159 \times 200 = 3.18$ mm

引張荷重と圧縮荷重(2)
簡単なトラス構造

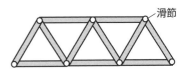

POINT 1 トラス構造とは

滑節

トラス構造

モーメントを伝達しない接合方法（滑節）による
棒材の骨組み構造のこと。
棒材には引張荷重か圧縮荷重のみしか生じない。

POINT 2 簡単なトラス構造の強度計算式

---

(1) 天井に接合された2本の棒材

応力　$\sigma = \dfrac{N}{A} = \dfrac{F}{2A\cos\theta}$ [MPa] ……(3.2.1)

ひずみ　$\varepsilon = \dfrac{\sigma}{E} = \dfrac{F}{2EA\cos\theta}$ [—] ……(3.2.2)

変形量　$\Delta L = \varepsilon L = \dfrac{FL}{2EA\cos\theta}$ [mm] ……(3.2.3)

移動量　$\lambda = \dfrac{\Delta L}{\cos\theta} = \dfrac{FL}{2EA\cos^2\theta}$ [mm] ……(3.2.4)

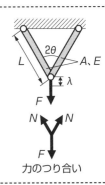

力のつり合い

---

(2) 天井に接合された3本の棒材

応力　$\sigma_1 = \dfrac{N_1}{A} = \dfrac{F}{(1+2\cos^3\theta)A}$ [MPa] ……(3.2.5)

$\sigma_2 = \dfrac{N_2}{A} = \dfrac{F\cos^2\theta}{(1+2\cos^3\theta)A}$ [MPa] ……(3.2.6)

ひずみ　$\varepsilon_1 = \dfrac{\sigma_1}{E} = \dfrac{F}{(1+2\cos^3\theta)EA}$ [—] ……(3.2.7)

$\varepsilon_2 = \dfrac{\sigma_2}{E} = \dfrac{F\cos^2\theta}{(1+2\cos^3\theta)EA}$ [—] ……(3.2.8)

移動量　$\lambda = \dfrac{FL\cos\theta}{(1+2\cos^3\theta)EA}$ [mm] ……(3.2.9)

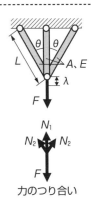

力のつり合い

---

(3) 壁に接合された2本の棒材

応力　$\sigma_1 = \dfrac{N_1}{A_1} = \dfrac{F}{A_1 \sin \theta}$ [MPa]　……(3.2.10)

　　　$\sigma_2 = \dfrac{N_2}{A_2} = -\dfrac{F \cos \theta}{A_2 \sin \theta}$ [MPa]　……(3.2.11)

ひずみ　$\varepsilon_1 = \dfrac{\sigma_1}{E_1} = \dfrac{F}{E_1 A_1 \sin \theta}$ [－]　……(3.2.12)

　　　$\varepsilon_2 = \dfrac{\sigma_2}{E_2} = -\dfrac{F \cos \theta}{E_2 A_2 \sin \theta}$ [－]　……(3.2.13)

移動量　$\lambda = \dfrac{FL_1}{E_1 A_1 \sin^2 \theta} + \dfrac{FL_2 \cos^2 \theta}{E_2 A_2 \sin^2 \theta}$ [mm]　……(3.2.14)

F：荷重 [N]、A：断面積 [mm²]、E：縦弾性係数 [MPa]、L：棒材の長さ [mm]

Point 1　トラス構造とは

　モーメントを伝達しない接合方法（滑節）による棒材の骨組み構造をトラス構造といいます。棒材には引張荷重か圧縮荷重しか生じないため、強い構造物を作ることができます。多様な組合せ方法が存在し、橋梁や機械構造物などで採用されています。

Point 2　簡単なトラス構造の強度計算式

　トラス構造の強度計算式のうち簡単な例を紹介します。移動量は微小変形であることを利用して導きます。

【例題3-2】　下図のように2本の金属製丸棒をピン接合し、1000 N で引っ張った。丸棒に生じる応力 σ および先端の移動量 λ を求めよ。丸棒の縦弾性係数を 72 GPa とする。

《解説》$A = 3.14 \times \left(\dfrac{5}{2}\right)^2 \fallingdotseq 19.63 \ \text{mm}^2$

式(3.2.1)、式(3.2.4)より

$\sigma = \dfrac{F}{2A \cos \theta} = \dfrac{1000}{2 \times 19.63 \times \cos 30°} \fallingdotseq 29.4 \ \text{MPa}$

$\lambda = \dfrac{FL}{2EA \cos^2 \theta} = \dfrac{1000 \times 120}{2 \times 72 \times 10^3 \times 19.63 \times \cos^2 30°} \fallingdotseq 0.057 \ \text{mm}$

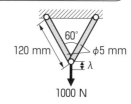

PoᴵNT 1 熱応力の強度計算式

---

(1) 一端が自由端の棒材の熱応力

〈熱応力〉

$$\sigma = 0 \text{ [MPa]} \qquad \cdots\cdots (3.3.1)$$

〈変形量〉

$$\Delta L = \alpha \Delta T L \text{ [mm]} \qquad \cdots\cdots (3.3.2)$$

---

(2) 両端を固定した棒材の熱応力

〈壁から受ける力〉 温度上昇で圧縮

$$F = -\alpha \Delta T E A \text{ [N]} \qquad \cdots\cdots (3.3.3)$$

〈熱応力〉

$$\sigma = -\alpha \Delta T E \text{ [MPa]} \qquad \cdots\cdots (3.3.4)$$

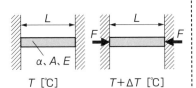

---

(3) 両端を固定した段付き棒の熱応力

〈壁から受ける力〉 温度上昇で圧縮

$$F = -\frac{(\alpha_1 L_1 + \alpha_2 L_2) A_1 E_1 A_2 E_2}{L_1 A_2 E_2 + L_2 A_1 E_1} \Delta T \text{ [N]}$$

$$\cdots\cdots (3.3.5)$$

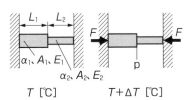

〈熱応力〉

$$\sigma_1 = -\frac{(\alpha_1 L_1 + \alpha_2 L_2) E_1 A_2 E_2}{L_1 A_2 E_2 + L_2 A_1 E_1} \Delta T \text{ [MPa]} \qquad \cdots\cdots (3.3.6)$$

$$\sigma_2 = -\frac{(\alpha_1 L_1 + \alpha_2 L_2) A_1 E_1 E_2}{L_1 A_2 E_2 + L_2 A_1 E_1} \Delta T \text{ [MPa]} \qquad \cdots\cdots (3.3.7)$$

〈点 p の移動量〉

$$\delta_p = \left\{ \alpha_1 - \frac{(\alpha_1 L_1 + \alpha_2 L_2) A_2 E_2}{L_1 A_2 E_2 + L_2 A_1 E_1} \right\} \Delta T L_1 \text{ [mm]} \qquad \cdots\cdots (3.3.8)$$

α：線膨張係数 [1/℃]、A：断面積 [mm^2]、E：縦弾性係数 [MPa]

POINT 1　熱応力の強度計算式

　2-14 で解説した通り、温度変化によって物体が伸縮すると、支持条件によって熱応力が生じます。支持条件の違いによる熱応力の強度計算式を見ていきましょう。(1)は一端が自由端の場合です。ΔT の温度変化によって物体は ΔL 伸縮しますが、片側しか拘束されていないため、熱応力は生じません。変形量は線膨張係数を使って式(3.3.2)となります。(2)は両端が拘束されていて自由に伸縮できない条件です。この場合、拘束されていなければ ΔL 伸びたはずの棒材を、元の長さ L に戻すだけの応力が生じていると考えて計算式が導かれます。式(3.3.3)、(3.3.4)でわかるように、温度が上昇すれば熱応力は負の値となるため、圧縮応力が生じます。逆に温度が低下すれば熱応力は正の値となるため、引張応力が生じます。(3)は(2)を段付き棒に変えた条件です。棒材の断面積や長さの比率によって生じる熱応力が異なります。棒材全体としては伸び縮みしませんが、点 P は移動します。

　一般に熱応力が大きくなると物体が変形し、それ以上の応力がかかりにくくなるため、破断に至ることはあまりありません。ただし、高温と低温が繰り返し作用するような場合には、繰り返し応力による疲労（4-7 参照）で破断することがありますので、注意が必要です。

【例題 3-3】　下図のように両端を壁に固定された棒材に温度変化 ΔT を与えた。壁がなかった場合の変形量を求め、その値を使って壁から受ける力 F を導け。線膨張係数を α、断面積を A とする。

《**解説**》壁がない場合、棒材は自由に伸縮できる。

したがって変形量は式(3.3.2)より

$$\Delta L = \alpha \Delta T L \qquad \cdots\cdots (3.3.9)$$

壁がある場合、$L + \Delta L$ の棒材を ΔL 縮めるのに必要な力 F が生じていると考えることができる。式(2.12.5)より、

$$\Delta L = -\frac{F(L + \Delta L)}{EA} \qquad \cdots\cdots (3.3.10)$$

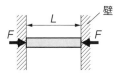

温度変化：ΔT [℃]

式(3.3.9)、(3.3.10)より F について解くと、

$$F = -\frac{\alpha \Delta T E A}{1 + \alpha \Delta T}$$

α は非常に小さな値であるため、$1 + \alpha \Delta T \fallingdotseq 1$ と近似すると、

$$F = -\alpha \Delta T E A$$

となり、式(3.3.3)と同じ式が得られる。

曲げ荷重(1)
はりの強度計算の進め方

Point 1　はりの強度計算の3ステップ

ステップ（1）はりの種類を選ぶ

はりの種類ごとに計算式がある（付録(2)参照）

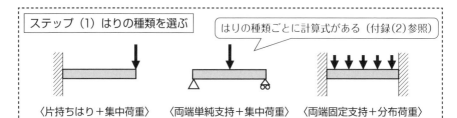

〈片持ちはり＋集中荷重〉　　〈両端単純支持＋集中荷重〉　　〈両端固定支持＋分布荷重〉

ステップ（2）材料特性、長さ、荷重、断面特性を決める

断面形状ごとに
計算式がある
（付録(1)参照）

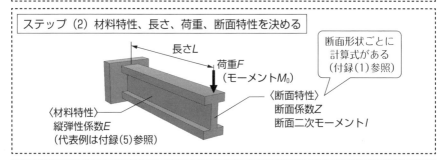

長さL

荷重F
（モーメントM_0）

〈材料特性〉
縦弾性係数E
（代表例は付録(5)参照）

〈断面特性〉
断面係数Z
断面二次モーメントI

ステップ（3）巻末付録(2)の計算式で計算する

はりの強度計算式（付録(2)より抜粋）

番号	はりの種類	最大曲げモーメント $\lvert M_B\rvert_{max}$ [N·mm]	最大応力 σ_{max}[MPa] ($\sigma_{max}=\lvert M_B\rvert_{max}/Z$)	最大ひずみ ε_{max}[—] ($\varepsilon_{max}=\sigma_{max}/E$)	最大たわみ v_{max} [mm]
1	L / F / v_{max} / E、Z、I / M_B $\lvert M_B\rvert_{max}$ — ▨ 引張 □ 圧縮	FL	$\dfrac{FL}{Z}$	$\dfrac{FL}{EZ}$	$\dfrac{FL^3}{3EI}$

はりの種類を選定

ステップ（2）の値を代入

Point 1　はりの強度計算の３ステップ

　主に曲げ荷重を受ける長い部材をはりといいます。曲げ荷重は同じ大きさの引張荷重やせん断荷重などに比べると、物体への影響が大きいため、強度設計においては極めて重要な荷重です。はりの強度計算について理論面からしっかり解説しようと思うと、数十ページは必要になります。本書では計算式の導出など、理論面の説明は最低限に留め、実務ではりの強度計算ができるようになることを目指します。まず本項ではりの強度計算の進め方を簡単に説明し、次項以降でそれらの内容について必要な部分を解説していきます。

　はりの強度計算が苦手な方も多いかもしれませんが、次の３つのステップに分けて考えることによって、計算式を使いこなせるようになります。

〈ステップ(1)　はりの種類を選ぶ〉

　強度計算を実施する製品の条件をモデル化できそうなはりの種類を選びます。はりの種類は次項で解説するように、支持条件と荷重条件の組合せによって決まります。同じ大きさの荷重でも、はりの種類ごとに計算式が異なるため、慎重にはりの種類を選ぶ必要があります。

〈ステップ(2)　材料特性、長さ、荷重、断面特性を決める〉

　次に、はりの材料特性、長さ、荷重（またはモーメント）、断面特性を決めます。代表的な材料の縦弾性係数は付録(5)を参考にしてください。断面特性で必要になるのは断面二次モーメントと断面係数です。3-8、3-9で解説するように、断面形状の選び方によって、生じる応力、たわみ量が大きく変わってきます。

〈ステップ(3)　巻末付録(2)の計算式で計算する〉

　ステップ(1)で決めたはりの種類について、付録(2)に掲載している計算式を使って計算を行います。計算に使用する値はステップ(2)で決めたものだけです。計算式を見るとわかるように、非常に簡単な計算式ではりに発生する応力、ひずみ、たわみを計算することが可能です。ただし、はりのどの部分に、どのような応力が生じているかなど、いくつか理解しなければならないことがあります。次項からそれらについて解説していきます。はりの計算方法がわかったら、3-10の例題を解いて理解を深めてください。

曲げ荷重(2)
はりの種類

POINT 1　はりの種類の考え方

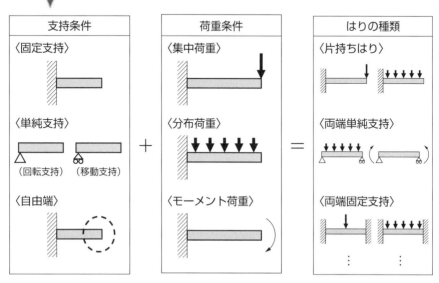

支持条件	荷重条件	はりの種類
〈固定支持〉	〈集中荷重〉	〈片持ちはり〉
〈単純支持〉 （回転支持）（移動支持）	〈分布荷重〉	〈両端単純支持〉
〈自由端〉	〈モーメント荷重〉	〈両端固定支持〉

POINT 2　はりの種類選定の重要性

	はりの種類	最大応力	最大たわみ
①		1	1
②		2	4
③		8	64

同じ断面、長さ、材質の角パイプにおける比較

POINT 1　はりの種類の考え方

　はりの種類は支持条件と荷重条件によって決まります。支持条件は2-7で解説した通り、固定支持、単純支持（回転支持、移動支持）、自由端があります。モーメント（回転）と水平・垂直方向の力を支持部でどう伝えるかがポイントです。荷重条件は2-8で解説した集中荷重、分布荷重、モーメント荷重がそれぞれ、はりのどの位置にいくつ作用するかについて考えます。これらの支持条件と荷重条件の組合せにより、はりの種類が決定します。はりの種類は無限に作り出すことができますが、本書では片持ち、両端単純支持、両端固定支持のはりを紹介します。

　固定支持＋自由端のはりは片持ちはりと呼ばれ、最も代表的なはりの1つです。両端単純支持のはりの場合は、両端ともに回転支持の場合と、回転支持＋移動支持の組合せがあります。厳密には水平方向の力が異なるため区別するべきですが、たわみが微小な場合は、同等とみなして計算することが一般的です[1]。そのため、解説書によって、両端ともに回転支持の場合と、回転支持＋移動支持の場合があります。両端固定支持のはりは、はりの両端を溶接や接着、ボルト等で動かないように固定されている構造物に適用されます。これらのはりの計算式は付録(2)に掲載しています。

POINT 2　はりの種類選定の重要性

　はりの種類選定の重要性を理解するために、角パイプを使ったラックを例に考えてみましょう。同じ断面、長さ、材質の角パイプを図中①〜③のような使い方でラックを組立てたとします。①は両側の支持材に溶接されています。②は支えの角パイプに乗せているだけで、固定されていません。③は片側を支持材に溶接し、反対側は自由端の片持ちはりです。これら3つの角パイプに表中の矢印の位置に、同じ大きさの集中荷重を加えたときの、はりに発生する最大応力と、最大たわみを比較してみます。両端固定支持のはりに生じる最大応力と最大たわみを1とすると、②の両端単純支持の場合は最大応力が2、最大たわみが4となります。③の片持ちはりの場合は、最大応力が8、最大たわみは64にまで急激に大きくなります。製品の形状や作用する荷重が同じでも支持条件が異なると、生じる応力やたわみにこれだけの差が生じるのです。強度計算をする際に、はりの種類の選定の重要性が理解できると思います。

1）支持条件の比較については、西谷弘信『材料力学』コロナ社 P61 に詳しい。

Point 1 曲げモーメントとは

| M_B 曲げモーメント | 自由体を考えたときにモーメントがつり合うように生じる内力。はりは主に曲げモーメントによって応力やたわみを生じる。 |

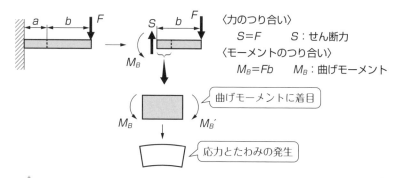

〈力のつり合い〉
$S=F$　　S：せん断力

〈モーメントのつり合い〉
$M_B=Fb$　　M_B：曲げモーメント

曲げモーメントに着目

応力とたわみの発生

Point 2 曲げモーメントにより生じる応力（曲げ応力）

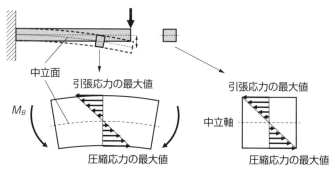

中立面：伸びも縮みもせず、応力も生じない面。

中立軸：はりの任意の断面と中立面の交線。
　　　　断面の図心（Column 2 参照）を通る。

Point 1 曲げモーメントとは

2-6の Point 2 で解説した通り、棒材の一部を自由体として取り出したとき、内力としてのモーメント M_N と力 N が生じています。このときのモーメント M_N を曲げモーメント（以降 M_B）、力 N をせん断力（以降 S）といいます。はりの強度計算を行う場合、せん断力の影響は非常に小さいため、厳密な計算を行う場合や、はりが極端に短い場合を除き、無視しても構いません。したがって、はりの強度計算では曲げモーメントに着目し、曲げモーメントによって、はりに応力とたわみが発生すると考えます。

図の片持ちはりの場合、力とモーメントのつり合いの式だけで、曲げモーメントを求めることができます。しかし、はりの種類によってはつり合いの式だけでは求めることができない不静定はりも存在します。付録(2)-7のような両端固定支持のはりは、不静定はりの代表例です。

Point 2 曲げモーメントにより生じる応力（曲げ応力）

はりに図の向きに曲げモーメント M_B が作用すると、はりの上面は引っ張られて伸び、下面は圧縮されて縮みます。はりの中央付近には伸びも縮みもせず、応力も生じない面が存在します。この面のことを中立面といいます。また、はりの任意の断面と中立面の交線を中立軸といいます。中立軸は断面の図心（Column 2 参照）を通ります。中立面から外側に行くほど応力は大きくなり、上面の一番外側で引張応力の最大値、下面の一番外側で圧縮応力の最大値となります。このように曲げモーメントが作用することによって生じる引張応力と圧縮応力のことを曲げ応力といいます。曲げ応力という別の応力があるわけではないので注意してください。

Point 1 　曲げモーメントの正負の約束

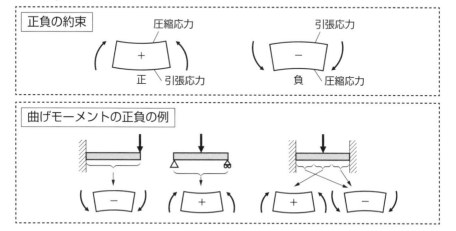

Point 2 　曲げモーメント図

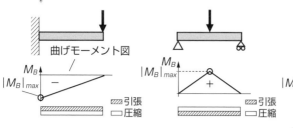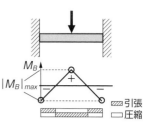

※ $|M_B|_{max}$ の値は付録(2)参照

曲げモーメント		曲げ応力
最大のとき（$|M_B|_{max}$）	⇒	最大
ゼロのとき	⇒	ゼロ
正のとき	⇒	上側：圧縮応力 下側：引張応力
負のとき	⇒	上側：引張応力 下側：圧縮応力

右頁 1）この向きに定義することが一般的であるが、解説書によっては反対の場合もある。

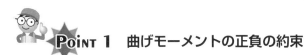

Point 1 曲げモーメントの正負の約束

　曲げモーメントは下側が引張応力になる方向と、上側が引張応力になる方向の2つが存在します。引張応力と圧縮応力はいずれも垂直応力ですが、多くの材料が引張と圧縮では特性が異なるため、どちらの応力が生じているかを把握しておく必要があります。そこで、下側が引張応力になる方向を正、上側が引張応力になる方向を負と約束することにします[1]。この約束にしたがって、実際のはりにどのような曲げモーメントが生じているのかを見てみましょう。片持ちはりの先端に集中荷重が加えられた場合、全体に渡って上側に引張応力が生じることは容易にイメージできると思います。したがって、曲げモーメントは全体に渡って負となります。両端単純支持のはりの場合は、片持ちはりの反対で下側全体が引張応力になります。つまり、曲げモーメントは全体に渡って正です。両端固定支持のはりの場合は少し複雑です。中央部分は下側に引張応力が生じ、両端部分では上側に引張応力が生じます。したがって、曲げモーメントは中央部分で正、両端部分で負となります。

Point 2 曲げモーメント図

　シンプルなはりであれば、曲げモーメントの向きはすぐにわかります。しかし、荷重が複数あるなど、複雑になってくると少し難しくなります。また、曲げモーメントの向きだけではなく、はりのどの部分で大きな曲げモーメントが生じているかも把握する必要があります。そこで、はりに生じる曲げモーメントの様子を分かりやすく示した曲げモーメント図を利用します。片持ちはりの場合は、全体に渡って曲げモーメントが負であることは前述した通りですが、曲げモーメント図を見ると、固定端で負の最大値、先端でゼロになることが分かります。両端単純支持のはりの場合は、両端がゼロで、中央部分で最大です。両端固定支持のはりの場合は、中央部分が正の最大値、両端が負の最大値となります。正の最大値と負の最大値の間には曲げモーメントがゼロになる部分があることが曲げモーメント図から見て取れます。

　曲げモーメント図を読み取る際のポイントを表にまとめています。はりの強度計算をするときに最も重要な値である最大応力は、最大曲げモーメント $|M_B|_{max}$ の位置で生じます。$|M_B|_{max}$ の計算方法は付録(2)を参照してください。曲げ応力は曲げモーメントによって生じますので、曲げモーメントがゼロの部分は曲げ応力もゼロとなります。Point 1 で定義したように、曲げモーメントが正の部分では下側に引張応力が、負の部分では上側に引張応力が生じています。

3-8 曲げ荷重(5)
断面係数とはりに発生する応力

◆POINT 1　断面係数

Z 断面係数

断面形状に関して、曲げ応力の生じにくさを表す係数のこと。
中立軸に関して非対称な場合は、断面係数が2つ存在する。

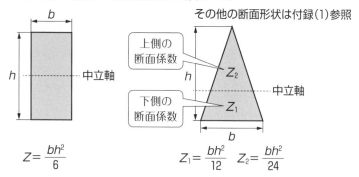

その他の断面形状は付録(1)参照

上側の断面係数 → Z_2
下側の断面係数 → Z_1

$$Z = \frac{bh^2}{6}$$

$$Z_1 = \frac{bh^2}{12} \quad Z_2 = \frac{bh^2}{24}$$

◆POINT 2　断面係数とはりに発生する応力

$M_B > 0$ のとき 　M_B

〈中立軸に関して対称な断面〉

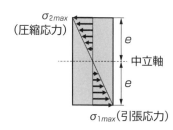

σ_{2max}（圧縮応力）
中立軸
σ_{1max}（引張応力）

$$\sigma_{1max} = \frac{M_B}{Z} = \frac{M_B}{I} e \cdots\cdots (3.8.1)$$

$$\sigma_{2max} = -\frac{M_B}{Z} = -\frac{M_B}{I} e \cdots\cdots (3.8.2)$$

〈中立軸に関して非対称な断面〉

σ_{2max}（圧縮応力）
中立軸
σ_{1max}（引張応力）

$$\sigma_{1max} = \frac{M_B}{Z_1} = \frac{M_B}{I} e_1 \cdots\cdots (3.8.3)$$

$$\sigma_{2max} = -\frac{M_B}{Z_2} = -\frac{M_B}{I} e_2 \cdots\cdots (3.8.4)$$

Point 1　断面係数

　最大曲げモーメント $|M_B|_{max}$ に加えてはりの断面特性がわかれば、はりに生じる応力を計算できるようになります。応力計算に必要な断面特性が断面係数です。断面係数は曲げ応力の生じにくさを表し、他の条件が同じであれば、断面係数が大きいほど曲げ応力は小さくなります。代表的な形状の断面係数については、付録(1)にまとめています。ここでは例として長方形断面と三角形断面の断面係数の特徴について見てみましょう。長方形断面も三角形断面も、幅方向 b を大きくするよりも、高さ方向 h を大きくした方が、効果が大きいことがわかります。長方形や円のように、中立軸に関して対称な形状の場合は、断面係数は１つだけしかありません。一方、三角形のように中立軸に関して非対称な形状の場合は、断面係数が２つ存在します。三角形断面は、上側の断面係数 Z_2 が下側の断面係数 Z_1 の半分の大きさしかありません。したがって、上側でより大きな応力が生じます。

Point 2　断面係数とはりに発生する応力

　まず、長方形断面のように中立軸に関して対称な形状について、$M_B>0$ すなわち下側に引張応力が生じる向きに曲げモーメントが作用する場合を考えてみます。式(3.8.1)、(3.8.2)に示すように、任意の断面においてはりに発生する最大応力は、曲げモーメントを断面係数で割るだけで求めることができます。したがって、曲げモーメントの大きさが同じであれば、断面係数を２倍にすれば、発生応力を半分にすることができます。設計段階で断面を適切に選ぶことが非常に重要であることがわかります。また、この場合、断面の上側では圧縮応力が生じますので、符号は負になります。また、断面係数は次項で解説する断面二次モーメント I と中立軸から一番外側までの距離 e を使うと、$Z=I/e$ と表すことができますので、式(3.8.1)、(3.8.2)はそれらを使って表すことも可能です。

　次に中立軸に関して非対称な形状について見てみましょう。**Point 1** で述べた通り、断面係数は上側と下側で異なります。上側の応力を計算する際には上側の断面係数、下側の応力は下側の断面係数を使用しなければなりません。三角形断面の場合、断面係数は $Z_1=2Z_2$ ですので、発生応力は上側が下側の２倍の大きさになることを示しています。

　曲げモーメントの向きが反対の場合は、発生応力の正負も入れ替わります。ただし、少しわかりにくいので、付録(2)では、曲げモーメントの値を絶対値で示しています。曲げモーメント図を見て引張か圧縮なのかを判断してください。ひずみは式(2.12.3)のフックの法則 $\sigma=E\varepsilon$ から容易に求めることができます。

3-9 曲げ荷重(6)
断面二次モーメントとはりのたわみ

POINT 1 断面二次モーメント

| *I* 断面二次モーメント |

はりのたわみにくさを表す断面特性。
形状に拘わらず1つだけ存在する。

その他の断面形状は付録(1)参照

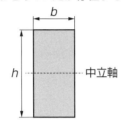

$$I = \frac{bh^3}{12}$$

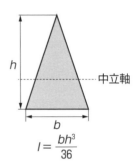

$$I = \frac{bh^3}{36}$$

POINT 2 断面二次モーメントとはりのたわみ

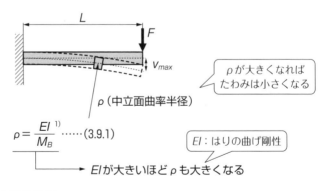

ρが大きくなれば
たわみは小さくなる

ρ(中立面曲率半径)

$$\rho = \frac{EI}{M_B}^{\,1)} \quad \cdots\cdots (3.9.1)$$

EI：はりの曲げ剛性

→ *EI*が大きいほどρも大きくなる

〈上図の場合〉

$$v_{max} = \frac{FL^3}{3EI} \quad \cdots\cdots (3.9.2)$$

その他のはりのたわみは付録(2)参照

POINT 1 断面二次モーメント

　はりに生じる応力と同様に、たわみも断面形状に大きな影響を受けます。はりのたわみにくさを表す断面特性が断面二次モーメントです。他の条件が同じであれば、断面二次モーメントが大きいほど、はりはたわみにくくなります。

　ここでも例として長方形断面と三角形断面について見ていきましょう。断面係数と異なり、断面二次モーメントは中立軸に関して対称でも非対称でも1つしか存在しません。断面係数と同様に幅方向 b を大きくするよりも、高さ方向 h を大きくした方が、効果が大きいことがわかります。断面係数の場合は、高さの2乗で効いていましたが、断面二次モーメントの場合は高さの3乗で効いてきますので、非常に大きな影響を受けます。プラスチック製の定規を曲げるとき、曲げる方向によって曲がりにくさが全く異なるのはこのためです。

　その他の形状の断面二次モーメントについては、付録(1)を参照してください。

POINT 2 断面二次モーメントとはりのたわみ

　はりは曲げ荷重を受けると曲線を描いて変形します。中立面が描く曲線の曲率半径を ρ とすると、式(3.9.1)のように表すことができます。ρ が大きくなるということはたわみが小さくなることを意味しますので、曲げモーメント M_B が同じであれば、EI が大きいほどたわみにくいはりだといえます。このときの EI をはりの曲げ剛性といいます。たわみにくいはりにするためには、縦弾性係数の大きな材料を使用する、断面二次モーメントの大きな形状にする、あるいはその両方を組合せて対応します。式の導出は省きますが、式(3.9.1)の関係式から、はりの種類に応じたたわみ量の式を導くことができます。図の片持ちはりの場合は式(3.9.2)のようになり、やはり式の中に曲げ剛性を示す EI が含まれています。その他のはりのたわみは、付録(2)を参照してください。すべての最大たわみの計算式には曲げ剛性 EI が含まれています。

1）この式の M_B は符号を含まないものとする。

3-10 曲げ荷重(7)
はりの強度計算の例題

【例題 3-4】 下図のような両端単純支持のはりが中央部分に 50 N の集中荷重を受けている。はりに生じる最大応力および最大たわみを求めよ。

《解説》 付録(1)–1 より

$$Z = \frac{bh^2}{6} = \frac{5 \times 10^2}{6} \fallingdotseq 83.3 \text{ mm}^3$$

$$I = \frac{bh^3}{12} = \frac{5 \times 10^3}{12} \fallingdotseq 416.7 \text{ mm}^4$$

付録(2)–4 にそれぞれ代入すると

$$\sigma_{max} = \frac{FL}{4Z} = \frac{50 \times 120}{4 \times 83.3} \fallingdotseq 18.0 \text{ MPa}$$

$$v_{max} = \frac{FL^3}{48EI} = \frac{50 \times 120^3}{48 \times 2500 \times 416.7} \fallingdotseq 1.73 \text{ mm}$$

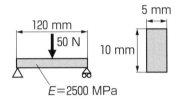

【例題 3-5】 下図のような片持ちはりに 1.5 N/mm の分布荷重が加えられている。はりに生じる最大応力および最大たわみを求めよ。

《解説》 付録(1)–6 より

$$Z = \frac{\pi}{32D}(D^4 - d^4) = \frac{3.14}{32 \times 15}(15^4 - 11^4) \fallingdotseq 235.4 \text{ mm}^3$$

$$I = \frac{\pi}{64}(D^4 - d^4) = \frac{3.14}{64}(15^4 - 11^4) \fallingdotseq 1765.5 \text{ mm}^4$$

付録(2)–2 にそれぞれ代入すると

$$\sigma_{max} = \frac{qL^2}{2Z} = \frac{1.5 \times 250^2}{2 \times 235.4} \fallingdotseq 199.1 \text{ MPa}$$

$$v_{max} = \frac{qL^4}{8EI} = \frac{1.5 \times 250^4}{8 \times 110 \times 10^3 \times 1765.5} \fallingdotseq 3.77 \text{ mm}$$

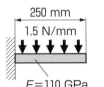

厚み：2 mm

【例題 3-6】 下図のような両端固定支持のはりが中央部分に 75 N の集中荷重を受けている。はりに生じる最大応力および最大たわみを求めよ。

《解説》三角形断面の場合は中立軸に対して非対称であるため、断面係数が 2 つある。最大応力は断面係数が小さい方（三角形の頂点側）で生じる。付録(1)-8 より

$$Z = \frac{bh^2}{24} = \frac{8 \times 12^2}{24} = 48 \text{ mm}^3$$

$$I = \frac{bh^3}{36} = \frac{8 \times 12^3}{36} = 384 \text{ mm}^4$$

付録(2)-7 にそれぞれ代入すると

$$\sigma_{max} = \frac{FL}{8Z} = \frac{75 \times 300}{8 \times 48} \fallingdotseq 58.6 \text{ MPa}$$

$$v_{max} = \frac{FL^3}{192EI} = \frac{75 \times 300^3}{192 \times 3200 \times 384} \fallingdotseq 8.58 \text{ mm}$$

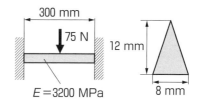

$E = 3200$ MPa

300 mm / 75 N / 12 mm / 8 mm

【例題 3-7】 下図のような片持ちはりが先端に 5000 N·mm のモーメント荷重を受けている。はりに生じる最大応力および最大たわみを求めよ。

《解説》付録(1)-5 より

$$Z = \frac{\pi d^3}{32} = \frac{3.14 \times 8^3}{32} \fallingdotseq 50.2 \text{ mm}^3$$

$$I = \frac{\pi d^4}{64} = \frac{3.14 \times 8^4}{64} \fallingdotseq 201.0 \text{ mm}^4$$

付録(2)-3 にそれぞれ代入すると

$$\sigma_{max} = \frac{M_0}{Z} = \frac{5000}{50.2} \fallingdotseq 99.6 \text{ MPa}$$

$$v_{max} = \frac{M_0 L^2}{2EI} = \frac{5000 \times 200^2}{2 \times 197 \times 10^3 \times 201.0} \fallingdotseq 2.53 \text{ mm}$$

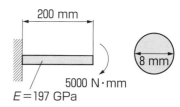

200 mm / 8 mm / 5000 N·mm / $E = 197$ GPa

3-11 平等強さのはり

Point 1 平等強さのはり

平等強さのはり

はりの長さ方向に関して、どの
断面においても曲げ応力が一定
のはりのこと。

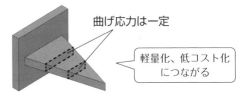

曲げ応力は一定

軽量化、低コスト化
につながる

Point 2 平等強さのはりの強度計算式

厚み一定

最大応力(一定)　$\sigma_{max} = \dfrac{6FL}{b_0 h_0^2}$ [MPa]　……(3.11.1)

任意の位置
における幅　$b = \dfrac{6Fx}{h_0^2 \sigma_{max}}$ [mm]　……(3.11.2)

固定端の幅　$b_0 = \dfrac{6FL}{h_0^2 \sigma_{max}}$ [mm]　……(3.11.3)

最大たわみ　$v_{max} = \dfrac{6F}{b_0 E}\left(\dfrac{L}{h_0}\right)^3$ [mm]　……(3.11.4)

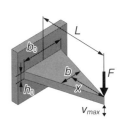

幅一定

最大応力(一定)　$\sigma_{max} = \dfrac{6FL}{b_0 h_0^2}$ [MPa]　……(3.11.5)

任意の位置に
おける厚み　$h = \sqrt{\dfrac{6Fx}{b_0 \sigma_{max}}}$ [mm]　……(3.11.6)

固定端の厚み　$h_0 = \sqrt{\dfrac{6FL}{b_0 \sigma_{max}}}$ [mm]　……(3.11.7)

最大たわみ　$v_{max} = \dfrac{8F}{b_0 E}\left(\dfrac{L}{h_0}\right)^3$ [mm]　……(3.11.8)

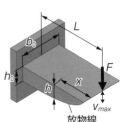

放物線

Point 1 平等強さのはり

　片持ちはりの場合、先端付近に生じる応力は非常に小さく、固定端付近で大きくなります。したがって、断面形状が一定の場合、先端に近づくほど、強度上有効に利用できていないといえます。材料を最も有効に使えるのが、発生応力がはりのどの断面でも同じ大きさになる場合です。断面形状を変化させて、発生応力が一定となるようにしたはりを平等強さのはりといいます。平等強さのはりの活用は、材料使用量削減による軽量化、低コスト化につながります。

Point 2 平等強さのはりの強度計算式

　代表的な平等強さのはりが、厚みが一定のはりと幅が一定のはりです。両方とも、どこで切っても断面は長方形で、発生応力が一定です。平等強さのはりのメリット・デメリットを理解するために、例題3-8を解いてみましょう。

【例題3-8】 下図の2つのはりは生じる最大応力が同じである。両者の最大たわみ、質量を比較せよ。

〈平等強さのはり〉　　　　　　〈通常のはり〉

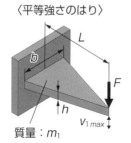
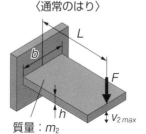

質量：m_1　　　　　　　　　　質量：m_2

《解説》

最大たわみは式(3.11.4)、付録(1)-1、付録(2)-1より

$$v_{1\,max} = \frac{6F}{bE}\left(\frac{L}{h}\right)^3, \quad v_{2\,max} = \frac{FL^3}{3EI} = \frac{4F}{bE}\left(\frac{L}{h}\right)^3$$

平等強さのはりの方が、1.5倍たわみが大きい。両者の質量は比重をρとすると

$$m_1 = \frac{\rho bhL}{2}, \quad m_2 = \rho bhL$$

平等強さのはりは通常のはりの半分の質量ですむ。

(1) せん断（一面）

平均せん断応力　$\tau_{ave} = \dfrac{F}{A}$ [MPa]　　……(3.12.1)

平均せん断ひずみ　$\gamma_{ave} = \dfrac{\tau_{ave}}{G} = \dfrac{F}{GA}$ [—]　……(3.12.2)

(2) せん断（一面）

平均せん断応力　$\tau_{ave} = \dfrac{F}{A} = \dfrac{4F}{\pi d^2}$ [MPa]　……(3.12.3)

平均せん断ひずみ　$\gamma_{ave} = \dfrac{\tau_{ave}}{G} = \dfrac{4F}{G\pi d^2}$ [—]　……(3.12.4)

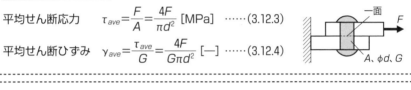

(3) せん断（二面）

平均せん断応力　$\tau_{ave} = \dfrac{F}{2A} = \dfrac{2F}{\pi d^2}$ [MPa]　……(3.12.5)

平均せん断ひずみ　$\gamma_{ave} = \dfrac{\tau_{ave}}{G} = \dfrac{2F}{G\pi d^2}$ [—]　……(3.12.6)

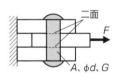

(4) ボルト頭のせん断　　　　(5) 圧子によるせん断

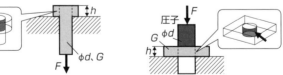

平均せん断応力　$\tau_{ave} = \dfrac{F}{A} = \dfrac{F}{\pi d h}$ [MPa]　……(3.12.7)

平均せん断ひずみ　$\gamma_{ave} = \dfrac{\tau_{ave}}{G} = \dfrac{F}{G\pi d h}$ [—]……(3.12.8)

F：せん断荷重 [N]、A：せん断荷重を受ける部分の断面積 [mm²]、G：横弾性係数 [MPa]

POINT 1　せん断荷重の強度計算式

　ハサミでの切断や抜き打ち加工のように、物体の断面に沿ってずらすように作用する荷重をせん断荷重といいます。せん断荷重を受けることが多い部品として、リベットやピン、ボルトなどがあります。物体がせん断荷重を受けると、断面にはせん断応力が発生します。生じるせん断応力の分布が断面で一様だと仮定すると、平均せん断応力は引張応力と同様にせん断荷重を断面積で割るだけで求めることができます[1]。せん断ひずみも垂直ひずみと同様にフックの法則に従いますので、式(2.12.4)より、せん断応力を横弾性係数で割ることによって計算することができます。

　(1)〜(5)は代表的なせん断荷重の強度計算式です。(1)、(2)はせん断荷重を受ける断面が一面だけなので、せん断荷重を部品の断面積で割って応力を求めます。(3)はせん断荷重を受ける断面が二面あるため、断面積が(1)、(2)の倍になります。(4)、(5)はせん断荷重を図の円筒部分で受けると考えることができ、この部分の断面積を使って応力を計算します。平均せん断ひずみを求める際の横弾性係数は入手が難しいですが、等方性材料であれば、式(2.13.1)を利用することにより、縦弾性係数とポアソン比から求めることができます。材料のせん断強度も入手が難しい数値の1つです。実務上は、せん断強度を引張強度の0.5〜0.8倍として計算することが一般的です（4-6参照）。

> 【例題 3-9】　下図のようなジョイントに 15 kN の引張荷重がかかっている。ピンの直径が 10 mm のとき、生じる平均せん断応力を求めよ。

《解説》

ピンにはせん断荷重が生じる断面が2面ある。したがって式(3.12.5)を使って求めることができる。

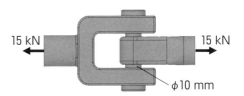

15 kN ← → 15 kN
φ10 mm

$$\tau_{ave} = \frac{F}{2A} = \frac{2F}{\pi d^2} = \frac{2 \times 15 \times 10^3}{3.14 \times 10^2}$$

$$\fallingdotseq 95.5 \,[\text{MPa}]$$

1）実際にはせん断応力は断面位置によって応力が変化する。例えば長方形断面では中立軸（3-6参照）の位置で最大となり、その値は平均せん断応力の1.5倍となる。実務上は平均せん断応力をそのまま使用することが多い。

POINT 1 ねじりモーメント（トルク）

| T ねじりモーメント（トルク） | 物体をねじるような作用を生じるモーメント。
計算方法は力×距離で2-5のモーメントと同様。 |

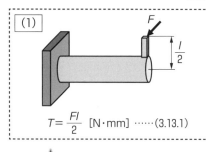

$$T = \frac{Fl}{2} \ [\text{N·mm}] \ \cdots\cdots(3.13.1)$$

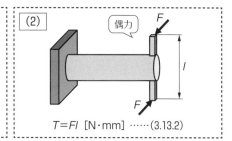

$$T = Fl \ [\text{N·mm}] \ \cdots\cdots(3.13.2)$$

POINT 2 ねじり荷重の強度計算式

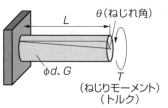

最大せん断応力
（最大ねじり応力）

$$\tau_{max} = \frac{T}{Z_P} \ [\text{MPa}] \ \cdots\cdots(3.13.3)$$

最大せん断ひずみ

$$\gamma_{max} = \frac{\tau_{max}}{G} = \frac{T}{GZ_P} \ [\text{—}]$$
$$\cdots\cdots(3.13.4)$$

ねじれ角

$$\theta = \frac{TL}{GI_P} \times \frac{180}{\pi} \ [°] \ \cdots\cdots(3.13.5)$$

断面形状		極断面係数 Z_P [mm³]	断面二次極モーメント I_P [mm⁴]
中実円		$\dfrac{\pi d^3}{16}$	$\dfrac{\pi d^4}{32}$
中空円		$\dfrac{\pi}{16D}(D^4 - d^4)$	$\dfrac{\pi}{32}(D^4 - d^4)$

D、d：円の外径、内径 [mm]、L、l：長さ [mm]、G：横弾性係数 [MPa]

Point 1　ねじりモーメント（トルク）

　ねじり荷重によって生じるモーメントをねじりモーメントまたはトルクといいます。モーメントという名前がついていることからわかると思いますが、計算の考え方は力×距離で 2-5 のモーメントと同じです。伝動軸やボルトなどの強度や変形を扱う際に考えます。(2)のようにお互いに平行、同じ大きさで向きが反対の 1 組の力を偶力といいます。自動車のハンドルに両手で力を加えるようなケースです。(1)の場合は厳密にはねじりモーメントの他に曲げモーメントが生じます。偶力の場合はお互いに曲げモーメントを打ち消すため、ねじりモーメント以外は生じていません。多くの解説書がねじりモーメントを偶力で与えるのは、曲げモーメントの影響をなくし、問題をシンプルにするためです。

Point 2　ねじり荷重の強度計算式

　ねじりモーメントによって生じる応力はせん断応力 τ です。ねじり荷重によって生じる応力なので、ねじり応力とも呼ばれます。ねじり荷重の強度計算方法は曲げ荷重の場合と非常によく似ています。曲げモーメント M の代わりにねじりモーメント T、断面係数 Z の代わりに極断面係数 Z_p を使い、T を Z_p で割れば最大せん断応力 τ_{max} を求めることができます。変形については、ねじれ角で評価します。曲げ荷重の場合の断面二次モーメント I の代わりに断面二次極モーメント I_P を使い、式(3.13.5)のように求めます。伝動軸においては、ねじれ角が大きすぎると、精度良く回転が伝えられないなどの問題が生じるため、一定の範囲内に抑えるように設計します。ねじり応力は中心部分がゼロ、物体の一番外側で最大になるため、ねじり荷重を支える役割は主に外側部分が担います。したがって、中実円断面よりも中空円断面の製品のほうが重量の面で有利です（第5章事例4参照）。そのため、新幹線では中空円断面の車軸が使用されています。

【例題 3-10】 外径 10 mm、内径 6 mm、長さ 200 mm のアルミ製中空丸棒に 2.5 kN·mm のねじりモーメントを加えたとき、生じる最大せん断応力とねじれ角を求めよ。ただし、G=26 GPa とする。

《解説》 式(3.13.3)より

$$\tau_{max} = \frac{T}{Z_P} = \frac{2.5 \times 10^3}{\dfrac{3.14 \times (10^4 - 6^4)}{16 \times 10}} \fallingdotseq 14.6 \text{ MPa}$$

$$\theta = \frac{TL}{GI_P} \times \frac{180}{\pi} = \frac{2.5 \times 10^3 \times 200}{\dfrac{26 \times 10^3 \times 3.14 \times (10^4 - 6^4)}{32}} \times \frac{180}{3.14} \fallingdotseq 1.29°$$

3-14 衝撃荷重

POINT 1 衝撃応力とは

衝撃応力

物体同士が衝突するなど、早い時間変化を伴う荷重を衝撃荷重、その際に生じる応力を衝撃応力という。

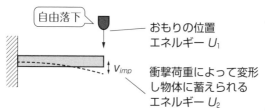

自由落下

おもりの位置
エネルギー U_1

v_{imp}

衝撃荷重によって変形
し物体に蓄えられる
エネルギー U_2

$U_1 = U_2$ を利用することにより簡易的に衝撃応力と変形量を求めることができる。

POINT 2 衝撃荷重の強度計算式

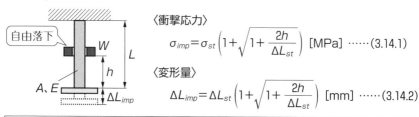

自由落下

W

L

h

A、E

ΔL_{imp}

〈衝撃応力〉

$$\sigma_{imp} = \sigma_{st}\left(1 + \sqrt{1 + \frac{2h}{\Delta L_{st}}}\right) \ [\text{MPa}] \quad \cdots\cdots (3.14.1)$$

〈変形量〉

$$\Delta L_{imp} = \Delta L_{st}\left(1 + \sqrt{1 + \frac{2h}{\Delta L_{st}}}\right) \ [\text{mm}] \quad \cdots\cdots (3.14.2)$$

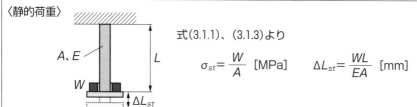

〈静的荷重〉

A、E

L

W

ΔL_{st}

式(3.1.1)、(3.1.3)より

$$\sigma_{st} = \frac{W}{A} \ [\text{MPa}] \qquad \Delta L_{st} = \frac{WL}{EA} \ [\text{mm}]$$

その他の計算式は付録(3)参照

W：おもりの重量 [N]、A：断面積 [mm²]、E：縦弾性係数 [MPa]

68

Point 1 衝撃応力とは

物体同士が衝突するなど、早い時間変化を伴う荷重を衝撃荷重といいます。衝撃荷重により生じる応力が衝撃応力です。物体が衝撃荷重を受けると、静的荷重と比べて非常に大きな影響を受けます。衝撃は非常に複雑な現象であるため、衝撃応力や衝撃による変形を正確に計算することは簡単ではありません。また、同じ衝撃荷重を受けても、衝撃に対して強い材料（延性材料）なのか、弱い材料（脆性材料）なのかによって影響が全く異なるところも、評価を難しくさせます。簡易的な方法として、図のようにおもりの位置エネルギー U_1 が、衝撃によって物体にエネルギーとしてすべて保存されるといった前提条件を置くことにより、衝撃応力と変形量を求める方法がよく使用されます。

Point 2 衝撃荷重の強度計算式

エネルギーが保存されるという考え方を元に、衝撃応力と変形量を導いたのが、式(3.14.1)および式(3.14.2)です。これらの式は高さ h の位置にある衝突物を自由落下させたとき、応力、変形量がどうなるかを示しています。これらの式は同じ大きさの静的荷重 W を与えたときの応力 σ_{st} と変形量 ΔL_{st} を使って表されます。計算式を見ると、おもりの高さがゼロ（$h=0$）のときに、衝撃応力は静的荷重による応力の2倍になることがわかります。衝撃荷重の影響の大きさがよくわかると思います。これらの式はいくつもの前提条件を置いた上で導かれている式であるため、精度は高くはありません。あくまで目安として利用してください。引張荷重以外の例は、付録(3)を参照してください。どの計算式も考え方は同じで、静的荷重時の応力、変形量（たわみ）を元に計算されます。

【例題 3-11】 下図のように固定された板材の先端に、金属製のボールを高さ 40 mm から自由落下で衝突させた。板材に生じる衝撃応力を求めよ。板材の縦弾性係数は 197 GPa、重力加速度は 9.8 m/s² とする。

《解説》付録(1)-1、付録(2)-1 より

$$\sigma_{st} = \frac{FL}{Z} = \frac{1 \times 9.8 \times 80}{\dfrac{30 \times 5^2}{6}} \fallingdotseq 6.3\,\text{MPa}$$

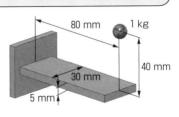

$$\Delta L_{st} = \frac{FL^3}{3EI} = \frac{1 \times 9.8 \times 80^3}{3 \times 197 \times 10^3 \times \dfrac{30 \times 5^3}{12}} \fallingdotseq 0.027\,\text{mm}$$

式(3.14.1)より、 $\sigma_{imp} = \sigma_{st}\left(1 + \sqrt{1 + \dfrac{2h}{\Delta L_{st}}}\right) = 6.3 \times \left(1 + \sqrt{1 + \dfrac{2 \times 40}{0.027}}\right) \fallingdotseq 349.0\,\text{MPa}$

Point 1 座屈

座屈

細長い物体に圧縮荷重を加えたとき、
荷重が一定の大きさを超えると、突然
大きく変形する現象。

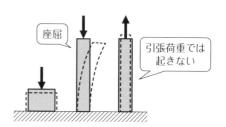

Point 2 オイラーの式による強度計算式

	(1)固定—自由	(2)回転—回転	(3)固定—回転	(4)固定—固定
支持条件	F L $A、E、I$	F L $A、E、I$	F L $A、E、I$	F L $A、E、I$
端末係数 C	$\dfrac{1}{4}$	1	2	4

〈座屈荷重〉

$$P_{cr} = C\,\frac{\pi^2 E I_{min}}{L^2}\ [\text{N}] \cdots\cdots(3.15.1)$$

〈座屈応力〉

$$\sigma_{cr} = \frac{P_{cr}}{A} = C\,\frac{\pi^2 E I_{min}}{A L^2}\ [\text{MPa}]$$
$$\cdots\cdots(3.15.2)$$

〈長方形断面の場合〉

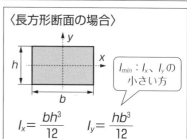

$I_{min}：I_x、I_y の小さい方$

$$I_x = \frac{bh^3}{12} \qquad I_y = \frac{hb^3}{12}$$

A：断面積 $[\text{mm}^2]$、E：縦弾性係数 $[\text{MPa}]$、I：断面二次モーメント $[\text{mm}^4]$

Point 1　座屈

　プラスチック製の定規を引っ張っても、人の力で破断させることはできません。小さなサイズの定規でも数千 N もの力が必要だからです。一方、圧縮方向に力を加えると大きく湾曲し、人の力でも壊すことができます。このように、細長い物体に圧縮荷重を加えたとき、大きく変形する現象を座屈といいます。3-1 で見たように、引張、圧縮荷重の強度計算は、符号が異なるだけで全く同じです。しかし、細長い物体に圧縮荷重が加えられる場合は、材料の圧縮強度に達する前に座屈が起きる可能性があります。

Point 2　オイラーの式による強度計算式

　座屈が生じる荷重（座屈荷重）は比較的細長い物体の場合[1]、オイラーの式を使って求めることができます。座屈が生じる最小の荷重が座屈荷重、そのときの応力が座屈応力です。座屈荷重や座屈応力が小さいほど、座屈が起きやすい条件だといえます。座屈荷重は物体の支持条件によって変わります。計算式の端末係数 C が支持条件の影響を示す係数です。(1)と(4)の条件を比較すると、その他の条件が同じでも、座屈荷重が16倍違います。また、オイラーの式には材料強度の値は含まれておらず、座屈荷重は材料強度に無関係であることがわかります。断面二次モーメントは x 軸と y 軸で値が異なる場合、小さい軸の方から変形するため、I_x と I_y の小さい方（I_{min}）を使用します。座屈を検討する際には、座屈応力 σ_{cr} と材料の圧縮強度を比較し、どちらが先に生じるかを確認する必要があります。引張と圧縮は同じ軸方向の荷重ですが、座屈という現象がある圧縮は不安定だといえます。特に細長い部材においては、圧縮荷重ではなく引張荷重を受けるような構造にした方が望ましいでしょう。

[例題 3-12]　厚み 1.5 mm、幅 30 mm、長さ 150 mm のプラスチック定規の座屈荷重と座屈応力を求めよ。端末係数は 1、縦弾性係数を 2000 MPa とする。

《解説》$I_{min} = \dfrac{bh^3}{12} = \dfrac{30 \times 1.5^3}{12} \fallingdotseq 8.4 \text{ mm}^4$

$P_{cr} = C \dfrac{\pi^2 E I_{min}}{L^2} = 1 \times \dfrac{3.14^2 \times 2000 \times 8.4}{150^2} \fallingdotseq 7.4 \text{ N}$　　$\sigma_{cr} = \dfrac{P_{cr}}{A} = \dfrac{7.4}{1.5 \times 30} \fallingdotseq 0.16 \text{ MPa}$

したがって一般的なプラスチックの圧縮強度よりも大幅に小さい応力で座屈する。

1）物体が短い場合はランキンの式やテトマイヤーの式などの実験式が提案されている。

3-16 応力集中

Point 1 応力集中とは

応力集中

孔や切欠、R部などの近傍で急激に応力が大きくなる現象。

最大応力 σ_{max} は公称応力 σ_n に対する倍率である応力集中係数 α で表される。

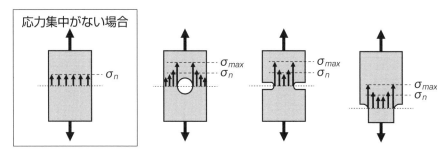

〈最大応力〉

$$\sigma_{max} = \alpha \sigma_n \quad \cdots\cdots (3.16.1)$$

※公称応力 σ_n：応力集中がない場合に計算される応力

Point 2 応力集中による最大応力の計算[1]

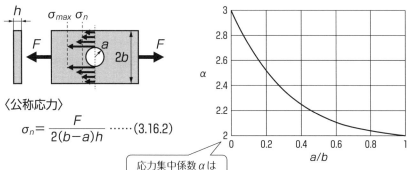

〈公称応力〉

$$\sigma_n = \frac{F}{2(b-a)h} \quad \cdots\cdots (3.16.2)$$

応力集中係数 α は
グラフから読み取る

※その他の条件は付録(4)参照

Point 1　応力集中とは

　孔や切欠、R 部など形状が急に変わっている部分が存在すると、その近傍で応力が急激に大きくなる現象が起きます。これを応力集中といいます。応力集中は切欠が鋭く深いほど、また R が小さいほど大きくなります。応力集中による最大応力 σ_{max} は式（3.16.1）のように、応力集中係数 α と公称応力 σ_n を使って表されます。公称応力とは応力集中がなかったときに計算される応力のことを示します。孔のある板材に引張荷重が生じている場合であれば、孔部分を除いた断面積で引張荷重を割った値が公称応力です。図には引張荷重を例として挙げていますが、曲げ荷重やねじり荷重などでも応力集中は起こります。

Point 2　応力集中による最大応力の計算

　応力集中係数は実験や計算によって求められた値がグラフ化されており、そこから読み取って使用します。図のようなケースの場合は、公称応力は孔部分を除いた断面で引張荷重を割ればよいので、式（3.16.2）のように求められます。求めた公称応力に読み取った応力集中係数をかけると最大応力を計算することができます。延性材料の場合、応力集中により大きな応力が生じると塑性変形を起こすため、結果として応力集中の度合いが小さくなります。そのため、一発で破壊に至るようなケースは多くありません。ただし、疲労破壊の原因になるため、繰り返し荷重が作用する場合は注意が必要です。また、脆性材料は塑性変形による応力の緩和が期待できないため、延性材料よりも大きな影響を受けます。

　荷重や形状など、様々な条件ごとに応力集中係数のグラフがあります。付録（4）に代表的なものを掲載していますので、参照してください。

【例題 3-13】　下図のような孔のある板材に 2.5 kN の引張荷重を加えた。板材に生じる最大応力を求めよ。

《解説》式（3.16.2）より、

$$\sigma_n = \frac{2.5 \times 10^3}{2 \times (40 - 7.5) \times 5} \fallingdotseq 7.7\ \text{MPa}$$

$a/b = 7.5/40 \fallingdotseq 0.19$ となるので、**Point 2** のグラフから応力集中係数を読み取ると $\alpha \fallingdotseq 2.55$ である。

式（3.16.1）より、$\sigma_{max} = 2.55 \times 7.7 \fallingdotseq 19.6\ \text{MPa}$

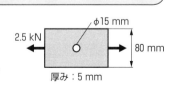

左頁 1）西田正孝「応力集中（増補版）」（森北出版）を元にグラフ作成

曲げに強い断面とは

　曲げ荷重に対する抵抗力は、曲げ荷重の種類や大きさ、材料特性が同じであれば、断面形状に依存します。では、どのような断面形状が曲げ荷重に対して強いのでしょうか。よく使用される断面形状で曲げ荷重に対する強さを比較してみましょう。以下の表は、断面積がすべて $100\ mm^2$ で、高さと幅の比率が 1：1、中実形状以外は厚みを 2 mm とし、断面二次モーメントと断面係数を比較したものです。断面積が同じなので、同じ材料を使えば、同じ重さになります。

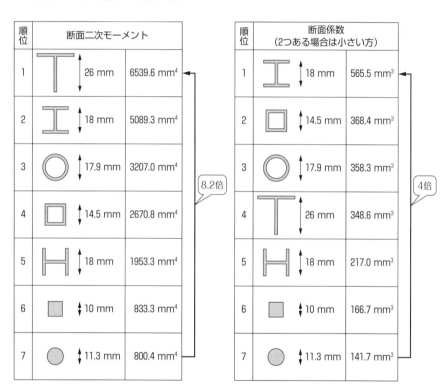

順位	断面二次モーメント			順位	断面係数（2つある場合は小さい方）		
1	T	26 mm	6539.6 mm⁴	1	I	18 mm	565.5 mm³
2	I	18 mm	5089.3 mm⁴	2	□	14.5 mm	368.4 mm³
3	○	17.9 mm	3207.0 mm⁴	3	○	17.9 mm	358.3 mm³
4	□	14.5 mm	2670.8 mm⁴	4	T	26 mm	348.6 mm³
5	H	18 mm	1953.3 mm⁴	5	H	18 mm	217.0 mm³
6	■	10 mm	833.3 mm⁴	6	■	10 mm	166.7 mm³
7	●	11.3 mm	800.4 mm⁴	7	●	11.3 mm	141.7 mm³

8.2倍　　　4倍

　断面二次モーメントは中実円形と T 型で 8.2 倍の差が出ました。同じ曲げ荷重を受けたときに、最大たわみに 8.2 倍の差が生じることを意味します。断面係数は中実円形と I 型で 4 倍の差があります。最大応力に 4 倍の差が出るということです。結果を見ると構造物に T 型、I 型や中空部材が使用される理由がよくわかります。また、軽量化や低コスト化を進める場合は、適切な断面形状を選ぶことが極めて大事だということも理解できます。

第 4 章

材料強度と強度設計

POINT 1 主な工業材料

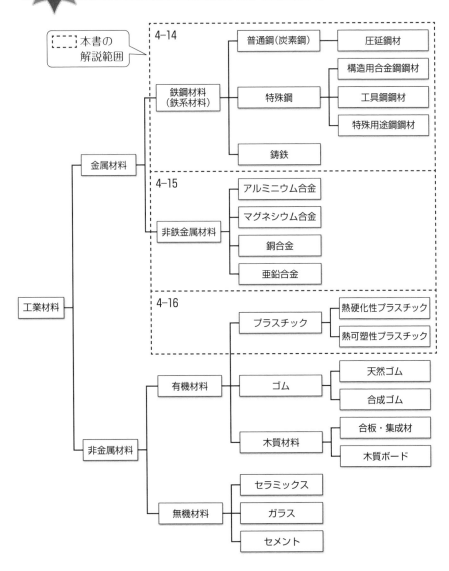

Point 1　主な工業材料

　工業材料として使用される材料は多岐に渡ります。図は一般に使用される工業材料の分類です。設計者は材料特性、製品の要求事項、コスト、入手性などを見極めた上で、これらの中から適切な材料を選定する必要があります。強度設計を行う上では、材料力学の知識だけでは十分ではなく、これらの材料に関する知識も最低限持っておくことが求められます。

　工業材料として最も広く使用されているのが金属材料です。材料強度や延性（材料の伸び）、剛性（変形のしにくさ）など、強度設計において有利な特性を多く持っており、材料選定においても最優先で候補に挙げられる材料です。また、金属材料には極めて多くの種類があり、製品の要求事項に合わせて多様な選択肢から選ぶことができます。金属材料は大きく分けて鉄鋼材料（鉄系材料）と非鉄金属材料に分けることができます。鉄鋼材料の使用量が最も多く、我々の身の回りにあるあらゆる製品で用いられています。近年は、軽量化や環境対応など、製品への要求も非常に高くなっています。鉄鋼材料では達成が難しい要求事項を満たすために、アルミニウム合金やマグネシウム合金など、様々な非鉄金属材料を使用するケースも増えています。

　非金属材料にも様々な種類があり、大きく有機材料と無機材料に分けることができます。有機材料のうち、とりわけ重要な工業材料がプラスチックです。プラスチックは軽量で成形加工性に富み、低コストという優れた特性を持っています。そのため多くの製品で使用されるようになりました。プラスチックには熱硬化性プラスチックと熱可塑性プラスチックがあり、使用量の大部分が熱可塑性プラスチックです。材料強度や剛性、耐熱性など高い要求がある製品には、熱硬化性プラスチックが用いられることもあります。プラスチック以外にもゴムや木質材料なども様々な工業製品や建築資材として用いられています。無機材料にはセラミックスやガラス、セメントなどがあります。耐熱性や電気絶縁性など、ほかの材料にはない特性があるため、特定の分野で用いられる重要な材料です。

　本書では金属材料とプラスチックを使うことを前提に解説を行っています。金属材料とプラスチックについては 4-14 以降でさらに詳しく解説します。

4-2 材料の基準強度

Point 1 基準強度とは

基準強度

強度設計において指標とする材料強度のこと。

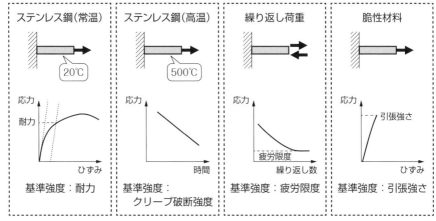

| ステンレス鋼（常温） | ステンレス鋼（高温） | 繰り返し荷重 | 脆性材料 |

基準強度の例

Point 2 基準強度検討のポイント

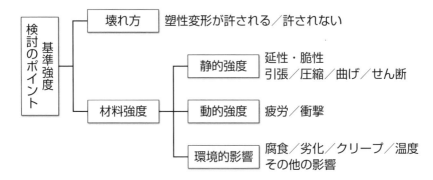

Point 1　基準強度とは

　材料の壊れにくさのことを材料強度ということにします。第3章で解説した強度計算式で求めた応力が、材料強度よりも小さければ、製品は壊れないと考えることができます。しかし、これまで解説してきた通り、荷重には様々な種類があり、応力も垂直応力とせん断応力があります。

　また、そもそも壊れるということがどういうことなのかをしっかり定義しなければなりません。少し変形しただけで壊れたと考えるのか、破断して初めて壊れたと考えるのか。それによって材料強度の考え方が違ってくるのは明らかです。使用環境条件の違いも重要です。プラスチックのように高温に弱い材料では、室温環境と高温環境で強度が大きく異なります。また、材料の壊れ方そのものも考慮する必要があります。ステンレス鋼のように粘り強い材料は多少変形しても破断しにくいですが、ガラスのような脆性材料はほとんど変形せずに割れてしまいます。

　このように特性が異なる材料の強度を同じ指標で考えるのは適切ではありません。したがって、単に材料強度といっても、製品の要求事項や使用環境条件、材料特性などを考慮し定義する必要があるということです。それらを踏まえた上で、強度設計において設計者が指標とする材料強度のことを基準強度といいます。図に示すように、同じ引張荷重が加わった場合でも、条件によって選ぶべき基準強度は様々です。

Point 2　基準強度検討のポイント

　基準強度を検討する際のポイントは大きく分けて2つあります。1つは製品の壊れ方について、どのような要求があるかです。塑性変形（変形した後元に戻らない）が許されるのか、許されないのかによって、基準強度は異なります。もう1つは、材料強度です。材料強度には静的荷重が加わったときの静的強度、動的荷重が加わったときの動的強度があります。製品にどのような荷重が加わるのかによって、採用すべき基準強度は当然変わります。一般に動的強度は静的強度に比べて大きく劣ります。動的荷重が加わる場合は、その影響についてよく検討することが重要です。また、材料の種類と使用環境条件の組合せによっては、材料強度が大きく低下する場合があります。製品が使われる条件を見極めて、使用環境条件による材料強度への環境的影響を十分に把握しなければなりません。次項から3つの材料強度について順番に解説していきます。

静的強度(1)
応力-ひずみ曲線

POINT 1 応力-ひずみ曲線（S-S曲線）

応力-ひずみ曲線(S-S曲線)

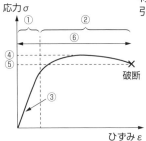

応力とひずみの関係を表す曲線。曲線形状を見ることにより材料特性がわかる。
引張荷重試験で測定したデータを使用することが一般的。

①	弾性変形だと考えられる範囲
②	材料が塑性変形してしまう範囲
③	直線部の傾き：縦弾性係数
④	材料に加えられる最大応力
⑤	材料が破断したときの応力
⑥	材料が破断したときの伸び

POINT 2 応力-ひずみ曲線でわかる材料特性

(1)変形のしにくさ／強さ

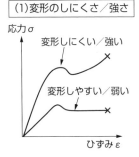

(2)延性材料／脆性材料

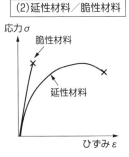

(3)降伏点あり／なし

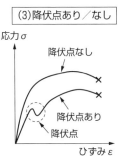

	材料の例
延性材料 （降伏点あり）	低炭素鋼 ポリカーボネート ナイロン（ポリアミド）
延性材料 （降伏点なし）	ステンレス鋼 アルミニウム合金
脆性材料	鋳鉄 ポリスチレン 熱硬化性プラスチック

Point 1 　応力-ひずみ曲線（S-S曲線）

　まず静的強度について解説します。材料力学は応力とひずみが比例関係になる
ことを前提にしています。しかし、実際には完全に比例関係になる材料はなく、
材料ごとに多様な特性を持っています。材料がどのような特性を持っているかを
把握するために、応力とひずみの関係を図で示したものが応力-ひずみ曲線[1]です。
材料の静的強度を見る上で最も重要な情報の1つといえます。応力-ひずみ曲線
は引張荷重試験で測定したデータを使用することが一般的です。

　応力-ひずみ曲線は材料の種類や試験条件によって、様々な曲線になります。
例えば図のような曲線の材料の場合、いくつかの重要な情報が読み取れます。①
の範囲は曲線が直線状に伸びていますので、弾性変形だとみなせる範囲です。つ
まり材料が弾性体と仮定することができる範囲です。材料力学の計算式はフック
の法則に従うことが前提ですので、この範囲を大きく超えた場合、計算の精度は
落ちてしまいます。②は材料が弾性変形範囲を超えて塑性変形をしてしまう範囲
です。③の傾きは縦弾性係数を表します。④は試験中に材料に加えられる最大応
力、⑤は材料が破断したときの応力です。そして⑥は材料が破断するまでの伸び
の大きさを示します。

Point 2 　応力-ひずみ曲線でわかる材料特性

　応力-ひずみ曲線の形を見ると、材料特性を大方理解することが可能です。まず、
材料の(1)変形のしにくさ／強さがわかります。弾性変形範囲の傾きは縦弾性係
数を表すため、傾きが大きい材料は変形しにくい材料です。また、最大応力や破
断時の応力が大きい材料は強い材料だといえます。次にわかるのが、(2)の破断
するまでに大きく変形する延性材料なのか、ほとんど変形せずに破断する脆性材
料なのかです。延性材料と脆性材料を明確に分ける基準はありませんが、使用す
る材料がどちらの傾向にあるのかを知っておくことは極めて重要です。一般に、
脆性材料は予兆なく突然破壊してしまうことや、材料強度のばらつきが大きいこ
と、衝撃強度が低いことなどから工業製品に使う材料としては適していません。
(3)が降伏点と呼ばれる小さな山が曲線上に出る材料か出ない材料かです。この
こと自体が材料特性に大きな違いを及ぼすわけではありませんが、基準強度を設
定する際に知っておく必要がある情報です。

1）応力（Stress）とひずみ（Strain）の英語の頭文字を取ってS-S曲線ともいう。

4-4 静的強度(2)
金属材料の強度

POINT 1　金属材料の強度

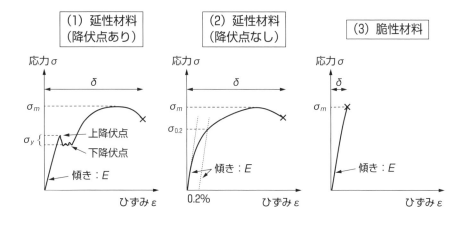

(1) 延性材料
（降伏点あり）

(2) 延性材料
（降伏点なし）

(3) 脆性材料

特性値	記号	説　明
引張強さ	σ_m	材料が耐える最大応力。
降伏応力	σ_y	降伏点がある材料における降伏点の応力。上降伏点と下降伏点があり、規格、製品等によってどちらかを取る。一般に下降伏点を降伏応力とすることが多い。
耐力	$\sigma_{0.2}$	降伏点がない材料において降伏応力の代わりに用いられる特性値。通常 0.2 ％の永久ひずみが生じる値。
縦弾性係数	E	応力–ひずみ曲線の直線部分の傾き。
破断伸び	δ	破断時の材料の伸び。単に伸びと呼ばれることがある。

Point 1　金属材料の強度

　応力-ひずみ曲線を使って、各種の材料強度がJIS[1]で定められています。これらの材料強度のうち、強度設計の実務でよく使用するものを抜粋して解説します。また、材料強度の定義は金属材料とプラスチックで少し異なるため、本項と次項に分けて整理しました。まずは金属材料から解説します。

《(1)延性材料（降伏点あり）》

　このタイプの材料は降伏点があり、破断までの伸びが大きいことが特徴です。変形が大きくなり、弾性変形を超えるのが降伏点付近だとみなします。塑性変形が許されない製品の場合、降伏点における応力（降伏応力）が基準強度としてよく使われます。本書では σ_y とします。降伏点には山の頂上部分を指す上降伏点と谷底部分を指す下降伏点があります。上降伏点は過渡的現象で不安定なデータとなりやすいため、下降伏点を降伏応力とすることが一般的です。ただし、上降伏点を降伏応力として採用している規格、製品もあることに留意してください。降伏応力の他に使われるのが、材料が耐える最大応力である引張強さです。本書では σ_m とします。さらに破断時の材料の伸びとして破断伸びが定められており、本書では δ とします。

《(2)延性材料（降伏点なし）》

　このタイプの材料は降伏点を持ちません。そのため、降伏応力のように弾性変形範囲内であるかどうかを示す明確な現象がありません。そこで一定の永久ひずみ（変形が元に戻らないひずみ）が生じる点を降伏応力の代わりに使います。このような材料強度を耐力といいます。0.2％の永久ひずみを使うことが一般的です。本書では0.2％の永久ひずみが生じる耐力として $\sigma_{0.2}$ という記号を使用します。引張強さ、破断伸びについては降伏点がある材料と同じです。

《(3)脆性材料》

　このタイプの材料は曲線の傾きが大きく変化を起こす前に破断してしまいます。したがって降伏応力や耐力といった材料強度がありません。そのため、このタイプの材料では引張強さを材料強度として使用します。

1）JIS Z2241：2011「金属材料引張試験方法」　※本書で使用する記号はJISと同一ではない。

4-5 静的強度(3)
プラスチックの強度

Point 1 プラスチックの強度

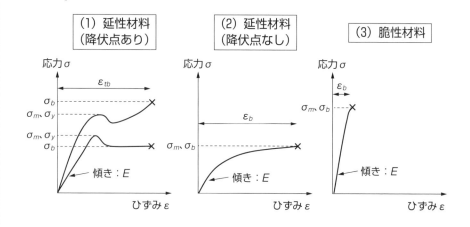

特性値	記号	説　明
引張強さ	σ_m	試験中に観察される最初の最大応力
引張破壊応力	σ_b	材料破壊時の応力
引張降伏応力	σ_y	降伏点がある材料における降伏点の応力
引張弾性率	E	応力-ひずみ曲線の直線部分の傾き。微小な変形時の値で計算する。
引張破壊呼びひずみ	ε_{tb}	降伏点がある材料における破断時のひずみ（正確には応力が引張強さの 10 %以下にまで減少する直前の引張ひずみ）
引張破壊ひずみ	ε_b	降伏点がない材料における破断時のひずみ（正確には応力が引張強さの 10 %以下にまで減少する直前の引張ひずみ）

POINT 1　プラスチックの強度

　プラスチックの強度も JIS[1] に沿って解説します。JIS ではプラスチックの特性に応じて金属材料と少し異なった定義がなされています。金属材料の場合、単に降伏応力、耐力といえば引張試験で測定した材料強度を示しますが、プラスチックは引張降伏応力、引張弾性率のように「引張」という言葉を入れて使用します。プラスチックは引張試験だけではなく、曲げ試験[2] も行うことが一般的で、両者の区別が必要だからです。曲げ試験で測定する材料強度は引張試験のものとほとんど同じです。しかし、強度設計においては原則として引張試験で測定した材料強度を使用します。

〈(1)延性材料（降伏点あり）〉

　このタイプの材料は破断までに大きく伸び、弾性変形範囲の限界として降伏点を持ちます。プラスチックは上降伏点と下降伏点の区別はせず、山の頂上部分を引張降伏応力 σ_y とします。引張強さの JIS[1] 上の定義は、「材料が耐える最大応力」ではなく、「試験中に観察される最初の最大応力」です。したがって、降伏点があるプラスチックでは引張降伏応力と引張強さが同じ値になります。ただし、文献によっては引張強さを金属材料の定義と同じと考えて、試験中における最大応力として記載されているものや、引張強さは材料が耐えられる最大応力だとするプラスチックの別の規格[3],[4] も存在し、注意が必要です。縦弾性係数は引張試験で測定するため、引張弾性率という名称が付けられています。また、材料破壊時の応力は引張破壊応力 (σ_b)、破断時の伸びは降伏点がある場合、引張破壊呼びひずみ (ε_{tb}) と呼ばれます。

〈(2)延性材料（降伏点なし）〉

　プラスチックは粘弾性特性があり、耐力の測定ができません。したがって、耐力という材料強度は定義されていません。このタイプの材料の場合は、引張強さまたは引張破壊応力が強度の目安になります。降伏点がない場合、破断時の伸びは引張破壊ひずみ (ε_b) で示します。

〈(3)脆性材料〉

　熱硬化性プラスチックの大半、ポリスチレン、アクリルなどがこのタイプの材料です。降伏点がありませんので、引張強さ、引張破壊応力で材料強度を表します。

1）JIS K7161-1：2014「プラスチック-引張特性の求め方-第 1 部：通則」　※記号は JIS と同一ではない。
2）JIS K7171：2016「プラスチック-曲げ特性の求め方」
3）JIS K6900：1994「プラスチック-用語」
4）JIS K6911：1995「熱硬化性プラスチック一般試験方法」

4-6 静的強度(4)

静的強度における基準強度の考え方

Point 1　引張応力の基準強度の例

材料のタイプ	要求事項の例	基準強度の例	
		金属材料	プラスチック
延性材料	塑性変形しないこと （塑性変形が少ないこと）	σ_y または $\sigma_{0.2}$	σ_y
	塑性変形は許容するが、 破断はしないこと	σ_m	σ_m または σ_b
脆性材料	破断しないこと	σ_m	σ_m または σ_b

Point 2　引張応力以外の基準強度の目安

応力の種類		引張特性を基準とした基準強度の目安 ※[　]内はプラスチック		
		延性材料 （塑性変形不可）	延性材料 （破断不可）	脆性材料
圧縮	座屈の恐れなし	σ_y または $\sigma_{0.2}$ $[\sigma_y]$	σ_m $[\sigma_m$ または $\sigma_b]$	$>\sigma_m$ $[>\sigma_m$ または $\sigma_b]$
	座屈の恐れあり （細長い部材）	σ_{cr} （3-15 参照）		
	曲げ	σ_y または $\sigma_{0.2}$ $[\sigma_y]$	σ_m $[\sigma_m$ または $\sigma_b]$	σ_m $[\sigma_m$ または $\sigma_b]$
	せん断	上記の 0.5〜0.8 倍		
	ねじり			

Point 1　引張応力の基準強度の例

　静的荷重として引張応力が作用した際の基準強度について考えてみます。製品の要求事項と材料特性によって、基準強度としてどのような材料強度を採用するのかが決まります。延性材料において、塑性変形が許されない、またはわずかな

塑性変形に抑えたいという製品の場合、金属材料では降伏応力 σ_y または耐力 σ_{02} を基準強度とします。プラスチックでは引張降伏応力 σ_y を採用します。工業材料として一般に使用される材料は延性材料が多く、塑性変形が許される製品は少ないので、これらの材料強度が基準強度として最も多く採用されます。次は延性材料において、多少の塑性変形は許容するものの、破断は避けたいというような場合です。このような場合は金属材料では引張強さ σ_m、プラスチックでは引張強さ σ_m または引張破壊応力 σ_b を基準強度として採用します。脆性材料の場合は、荷重を増していくと、ほとんど変形しないまま破断に至るため、破断するときの応力が基準強度になります。したがって、金属材料では引張強さ σ_m、プラスチックでは引張強さ σ_m または引張破壊応力 σ_b を採用します。

Point 2 　引張応力以外の基準強度の目安

　圧縮応力やせん断応力など、引張応力以外の場合も考え方としては同じです。しかし、引張強度以外は、材料強度を入手することが難しい場合がほとんどです。したがって、入手可能な引張強度を使って、各応力における材料強度を推測する必要があります。

　圧縮応力の場合、延性材料では引張応力と同じ材料強度とみなします。実際には圧縮に対する強さの方が引張の場合より大きくなる材料が多いですが、同等とみなして設計しておけば問題ありません。脆性材料の場合は、引張よりも圧縮に対する強さの方がかなり大きく、圧縮強度を入手できることも多いので、その値を使用して設計を行います。座屈の恐れがある細長い部材の場合は、3-15 で解説した座屈応力を計算し、座屈と圧縮破壊のどちらが先に生じるかを確認する必要があります。

　曲げ応力は 3-6 で解説した通り、引張応力と圧縮応力が複合的に生じている現象です。したがって、基準強度としては引張強度を使用します。プラスチックは曲げ試験による材料強度が容易に入手できますが、使用するのはその値ではなく、引張強度を使用します。

　せん断応力、ねじり応力に関する材料強度も入手できることは非常にまれです。そのため、引張強度を一定の考え方の元に換算して強度設計で利用します。鉄鋼材料の一部は引張強度の $1/\sqrt{3}$ にすることが一般的です。ただし、換算の考え方（ミーゼスの降伏条件やトレスカの降伏条件など）も複数あり、材料によっても換算値は異なります。通常、引張強度の 0.5〜0.8 倍程度を目安にすればよいでしょう。

Point 1 繰り返し荷重

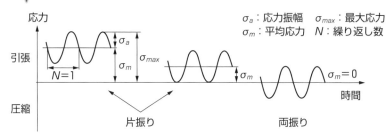

σ_a：応力振幅　　σ_{max}：最大応力
σ_m：平均応力　　N：繰り返し数

Point 2 S-N曲線と疲労限度

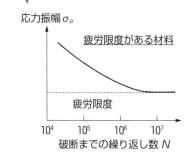

Point 3 疲労限度線図

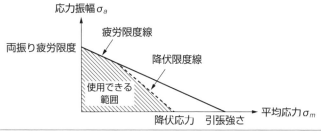

右頁 1）NIMS（国立研究開発法人　物質・材料研究機構）構造材料データシートオンライン　https://smds.nims.go.jp/

Point 1　繰り返し荷重

　本項からは動的強度について見ていきます。物体に繰り返し荷重が加わると、材料の静的強度より小さい応力で破壊に至ることがあります。このような現象を疲労破壊といいます。強度トラブルの原因の多くが疲労によるものであり、強度設計を行う上では非常に重要な現象です。繰り返し荷重によって製品に生じる応力は規則的に変動するものばかりではありませんが、一般に図のように正弦波（サインカーブ）の規則的な応力が生じていると仮定します。荷重のかかり方には片振りと両振りがあります。引張・圧縮荷重の場合、片振りは引張か圧縮のどちらか一方、両振りの場合は引張と圧縮の両方がかかる荷重です。重要な値として、平均応力 σ_m、応力振幅 σ_a、最大応力 σ_{max}、繰り返し数 N があります。

Point 2　S–N曲線と疲労限度

　縦軸に応力（図では σ_a）、横軸に N（対数）を取り、試験片が破断したときの点をつなげて曲線を描いたものをS–N曲線といいます。疲労に対する材料の強さはS–N曲線を見て判断します。10^7 回程度の繰り返し応力を加えると、いくら回数を増やしても破断しなくなる場合があります。その時の応力が疲労限度です。繰り返し荷重が作用する製品では疲労限度を基準強度の1つとして考えます。鉄鋼材料は疲労限度が明確に現れますが、非鉄金属材料やプラスチックの多くは、明確な疲労限度が現れません。そのため便宜的に 10^7 回を疲労限度として扱うことがあります。S–N曲線は材料メーカーや便覧、NIMS の疲労データベース[1]等で入手できます。材料によって異なりますが、一般に疲労限度は引張強さの20〜60％程度です。また、S–N曲線は引張・圧縮、曲げ、ねじり試験によって測定されており、荷重の種類によりその影響も異なります。

Point 3　疲労限度線図

　応力振幅が同じ大きさでも、平均応力が大きくなるにつれて材料への影響も大きくなります。その影響について示す図が疲労限度線図です。平均応力がゼロの場合、つまり両振り荷重の場合、最も大きな応力振幅にまで耐えることができます。平均応力が大きくなるにつれて、少しずつ耐えられる応力振幅が小さくなっていきます。平均応力がさらに大きくなり、引張強さと同じ大きさになると応力振幅がゼロでも材料は破断に至ります。これを示すのが疲労限度線です。また、降伏を考えた場合は、平均応力が引張強さより小さくても降伏点に達します。それを示すのが降伏限度線です。斜線部の範囲が通常使用できる範囲と考えられます。

動的強度(2)
衝撃

Point 1　衝撃荷重に対する強さの指標

（1）応力−ひずみ曲線の囲む面積

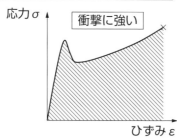

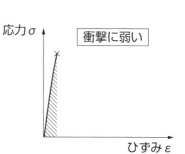

（2）破断時の伸び／シャルピー衝撃値

材料の種類		破断時の伸び(%)	シャルピー衝撃値	衝撃強度
金属材料	一般構造用圧延鋼材（SS400）	≧21	120 J	○
	ねずみ鋳鉄（FC250）	2	2.8 J	×
プラスチック	ポリカーボネート（PC）	100	80 kJ/m²	○
	ポリスチレン（PS）	3	2 kJ/m²	×

※値は代表値を示す。熱処理、加工法、配合、試験条件等により変動することに注意。

Point 2　衝撃強度に影響を与える要因

衝撃強度に影響を与える要因

| 低温脆性 | 腐食／劣化 | 切欠脆性 | 水素脆化 | 焼戻し脆性 |

Point 1　衝撃荷重に対する強さの指標

　製品に突発的に衝撃荷重が加わることがあります。また、衝撃荷重が加わることが前提の製品もあります。そのような製品では衝撃強度を考慮した設計が必要です。しかし、衝撃荷重の大きさや、材料の衝撃強度を精度良く見積もることは容易ではありません。3-14で衝撃応力の簡易的な計算方法を紹介していますが、あくまで目安にすぎません。そのため、衝撃荷重が加わることが予想される製品の強度設計においては、衝撃に強い材料を選定することが最も重要です。どのような指標が衝撃荷重に対して強い性質につながるのか見ていきましょう。1つ目は応力-ひずみ曲線の囲む面積が広いことです。この面積が広いほど、衝撃時のエネルギーをたくさん吸収できる材料であることを示しています。衝撃荷重が加わる製品では、左側の曲線のように囲む面積の広い材料を選定することが鉄則です。2つ目の指標は破断時の伸びです。破断時の伸びが大きいということは、一般に応力-ひずみ曲線の囲む面積が広いことを意味し、衝撃荷重に対して強い傾向があると考えられます。破断時の伸びは、応力-ひずみ曲線や後述の衝撃値よりも容易に入手が可能なため、使い勝手がよい指標です。3つ目の指標が衝撃試験により得られる衝撃値（衝撃吸収エネルギー）です。衝撃試験にはシャルピー衝撃試験やアイゾット衝撃試験などが利用されています。これらは試験片にハンマーを衝突させ、破壊するために必要なエネルギーを求めることによって衝撃に対する強さを表します。一般に衝撃値が大きいほど衝撃荷重に対して強いといえます。表に衝撃強度が大きな材料と小さな材料の代表例を示しています。破断時の伸び、シャルピー衝撃値が大きく異なることがわかると思います。衝撃値は規格、試験方法によって値が大きく異なりますので、材料同士を比較する際は注意してください[1],[2]。

Point 2　衝撃強度に影響を与える要因

　Point 1の(1)、(2)が比較的良好な材料でも、条件によっては衝撃強度が大きく低下することがあります。最も代表的な要因が低温です。一般に材料は温度が低くなると、伸びが小さくなり、衝撃強度が低下します。材料の中には、ある温度で急激に衝撃強度が低下する、低温脆性という現象を起こす材料があります。また、金属材料の腐食やプラスチックの劣化は衝撃強度を大きく低下させる要因です。そのほか、製品に切欠がある場合の切欠脆性、鉄鋼材料の水素脆化や焼戻し脆性などによって衝撃強度の低下が起こることがあります。

1）JIS Z2242：2018「金属材料のシャルピー衝撃試験方法」
2）JIS K7111：2012「プラスチック-シャルピー衝撃特性の求め方-」

Point 1 金属材料の腐食

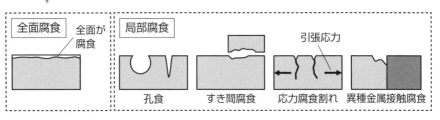

腐食の種類		説明	注意が必要な材料、条件
全面腐食		表面全体に均一に生じる腐食	炭素鋼などの耐食性が低い材料
局部腐食	孔食	不動態皮膜の欠陥部（ピンホール）で生じる腐食	ステンレス鋼、アルミニウム合金など不動態皮膜を持つ耐食材料
	すき間腐食	部品接合部のすきま、隠蔽部などに生じる腐食	同上
	粒界腐食	結晶粒子の境界（粒界）に沿って進行する腐食	オーステナイト系ステンレス鋼
	エロージョン・コロージョン	流体の摩耗作用と腐食作用の相乗作用によって生じる材料の摩耗	配管等の流体が接触している部品
	応力腐食割れ	材料特性＋腐食環境＋引張応力によりクラックを生じる現象	各種材料と腐食環境の組合せにより生じる
	水素脆化	水素が金属中に吸蔵されて材質がもろくなる現象	特に高強度の鋼材
	異種金属接触腐食	自然電位の異なる金属が接触することにより生じる	接触する材料の組合せにより生じる

Point 2 腐食の対策

Point 1　金属材料の腐食

　本項からは環境的影響について見ていきます。金属が使用環境条件によって化学的または電気化学的に侵食される現象を腐食といいます。身の回りの金属製品が生じるさびは腐食生成物です。金属材料は工業材料として極めて優れた特性を持っていますが、最も大きな欠点として腐食しやすいことが挙げられます。プラスチックやセラミックスでは通常問題になりません。腐食は外観上の問題になるだけではなく、著しい強度低下を引き起こすため、強度設計においては特に注意すべき現象です。通常、腐食は水などの電解質溶液が存在する環境下で起こります。また、材料特性、環境条件、荷重の組合せによって様々な形態の腐食が生じます。表は主な腐食をまとめたものです。腐食には大きく分けて全面腐食と局部腐食があります。全面腐食は表面全体がほぼ均一に腐食していく現象です。炭素鋼などの耐食性が低い材料で発生します。局部的に集中して起きる腐食は局部腐食と呼ばれ、様々な種類があります。これらはステンレス鋼やアルミニウム合金のような腐食に強いといわれる材料（耐食材料）でも生じます。また、腐食の形態が孔状、クラック状となるため、応力集中により材料強度が大幅に低下するため、注意が必要な現象です。

Point 2　腐食の対策

　腐食の対策（防食といいます）は大きく分けて5つあります。最も基本的な対策は適切な材料を選定することです。材料と環境条件の組合せによって腐食は生じますので、使用する環境下において腐食しない材料を選定すれば、腐食の問題はあまり心配する必要がありません。例えば、耐食材料の代表格であるステンレス鋼は、厨房設備や食品工場など腐食を嫌う場面で多用されています。ただし、耐食材料は価格が高かったり、そのほかの要求事項を満たせなかったりするため、その場合はほかの対策を行う必要があります。材料選定の次に一般的な対策が表面被覆です。塗装やめっき、コーティングなどにより腐食要因を遮断することにより腐食を防止します。建築構造物をはじめ自動車や各種金物部品など、身の回りにもたくさんの製品例があります。他にも電気的な作用を外部から与えることによって腐食を防ぐ電気防食や、脱酸素剤や不活性ガスを用いて腐食の進行を止める環境制御なども行われています。また、配管など長い時間をかけて全面腐食が徐々に進行していくような腐食では、製品の使用期間内で腐食してもよい厚み（腐食代）を与えるという方法も用いられています。

環境的影響⑵
プラスチックの劣化

Point 1 プラスチックの劣化要因

劣化要因	説　明	注意が必要な材料、条件
熱	熱と空気中の酸素の作用により劣化が進行	すべてのプラスチック（特に比較的高温で使用の場合）
水分	加水分解	エステル結合、アミド結合を持つプラスチック（PET、ナイロン等）
紫外線	紫外線と空気中の酸素および熱の作用により劣化が進行	紫外線に暴露されるすべてのプラスチック
その他	薬品類、微生物、放射線、電気的作用、オゾン、大気汚染物質　他	各種材料と左記要因の組合せにより生じる

Point 2 劣化による特性変化のイメージ

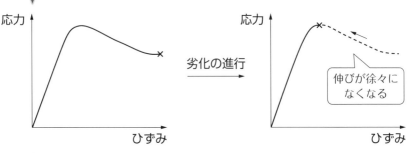

応力

ひずみ

劣化の進行

応力

ひずみ

伸びが徐々になくなる

Point 3 劣化の対策

劣化の対策

適切な材料選定　　配合剤　　寿命予測　　表面被覆

右頁 1）腐食はしないものの、薬品による溶解や環境応力割れが起きることがある。
右頁 2）独立行政法人製品評価技術基盤機構（nite）「プラスチック製品の事故原因解析手法と実際の解析事例について」（2013 年 11 月）

Point 1　プラスチックの劣化要因

　プラスチックは金属材料のように腐食しないため、排水管や薬品容器などに使用されています[1]。しかし、様々な要因により材料特性が劣化するという大きな欠点を持っています。しかも、その劣化要因は身の回りのどこにでも存在するものであり、すべてのプラスチック製品において避けることができない現象です。プラスチック製品の破損トラブルのうち、劣化が原因のものが34％に上るという調査結果[2]もあります。熱劣化は熱と空気中の酸素の作用により劣化が起きる現象です。熱と酸素はあらゆる場所に存在するため、すべてのプラスチック製品が熱劣化の影響を受けます。高温下で使用する製品で問題になりやすいものの、材料によっては常温に近い温度でも顕著に劣化が進行していきます。例えば、ポリエチレン（PE）のあるグレードでは、50℃環境下において10万時間（約11.4年）で強度が半分になります。エステル結合やアミド結合などを持つプラスチック、例えばPETやナイロンなどは、水分の影響で加水分解が起こります。高温多湿下や成形時の予備乾燥不足などに注意が必要です。また、紫外線もプラスチックが劣化する大きな要因となっています。そのほか、薬品類や微生物、放射線などによっても劣化が進むことがあります。

Point 2　劣化による特性変化のイメージ

　劣化は非常に複雑な現象ですが、特性変化の大きな要因の1つは、長くつながった分子が切断されていくことです。分子が切断されると図の応力-ひずみ曲線で示すように、材料の伸びが徐々に小さくなり、遅れて強度も低下していきます。劣化により伸びがなくなると、延性材料だった材料も、脆性材料のような壊れ方をするようになります。

Point 3　劣化の対策

　劣化への対策としてまずは、適切な材料を選定することです。製品の使用環境条件において劣化が進行しにくい材料を選びます。また、酸化防止剤や光安定剤などの配合剤による対策も一般的に行われています。材料、配合剤の組合せで劣化を避けることができない場合は、次項で解説するアレニウスの式による寿命予測（熱劣化、加水分解）や、耐候性試験機による促進試験（紫外線劣化）により、製品の使用期間中に強度上の不具合が起きないように設計をします。紫外線劣化は暴露されている表面から進行していくため、表面塗装やカバーを取り付けるなどの表面被覆が効果を発揮します。

Point 1 プラスチックの劣化の寿命予測

熱
加水分解 $\Bigg\}$ ⟶ アレニウスの式による寿命予測

紫外線 ⟶ 耐候性試験機による寿命予測

Point 2 アレニウスの式

アレニウスの式

化学反応のスピード（k）が、温度の関数であることを示した式。

$$k = A \exp\left(-\frac{E_a}{RT}\right) \quad \cdots\cdots(4.11.1)$$

k ：反応速度定数
A ：定数
E_a：活性化エネルギー
R ：気体定数
T ：絶対温度 [K]

$$\ln L = A' + \frac{E_a}{RT} \quad \cdots\cdots(4.11.2)$$

L ：反応が一定レベルまで進む時間（寿命）
$\ln L$：寿命の対数
A' ：定数
E_a ：活性化エネルギー
R ：気体定数
T ：絶対温度 [K]

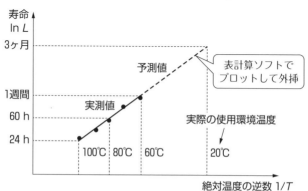

Point 1　プラスチックの劣化の寿命予測

　劣化を評価する上での問題は、劣化が長い時間をかけて進行するため、実際の使用期間に渡って評価を行うことができないことです。したがって、短期間で数年から数十年といった長い期間の評価を行うことができる加速試験を行い、寿命を予測することが求められます。熱劣化と加水分解の寿命予測をする代表的な加速試験が、アレニウスの式を使う方法です。熱劣化と加水分解は化学反応により進行するため、そのスピードはアレニウスの式に従います。それを利用して寿命予測を行います。寿命予測の方法は **Point 2** で詳しく解説します。紫外線劣化も化学反応により進行しますが、熱劣化や加水分解と異なり、紫外線に暴露されている表面部分から劣化するため、アレニウスの式を使うことはできません。紫外線劣化は耐候性試験機で強い紫外線を当て、短期間で寿命の予測を行います。

Point 2　アレニウスの式

　プラスチックの熱劣化と加水分解は、熱や酸素、水分の影響で分子が切断されるなどの化学反応が起こることによって進行していきます。したがって、化学反応のスピードが劣化のスピードを決めることになります。式(4.11.1)のアレニウスの式は、化学反応のスピードが温度の関数であることを示しており、この式を利用することにより劣化の寿命予測を行うことができます。ここで、反応が一定レベルまで進む時間（寿命）を L とします。L は強度が半分になるまでの時間など、自分で決めた値で構いません。L を使って式(4.11.1)を表すと、式(4.11.2)のようになります[1]。このとき右辺は絶対温度 T 以外はすべて定数です。したがって、寿命の対数も化学反応のスピードと同じく温度の関数になります。

　この式を利用して、寿命予測を行うには、実際の使用環境温度より高い温度で寿命を実測します。実測した寿命とその時の絶対温度の逆数を表計算ソフトでプロットし、実測値を直線で結びます。その直線を外挿し、実際の使用環境温度における絶対温度の位置を見ると、その時の寿命がわかります。温度が高いほど試験時間は短くなりますので、比較的短期間で評価することが可能です。ただし、温度が高すぎると材料の特性が変化してしまうので注意が必要です。

---

1 ）初期物理量を Po、L 時間後の物理量を P とすると、$\ln P = -kL + \ln Po$ と表すことができる。この式と式(4.11.1)を $\ln L$ に関して解き、A、Po、P を含む項を定数 A' とすると式(4.11.2)が求まる。

環境的影響(4)
温度の影響

PoᴏɪɴT 1　温度の影響（短期）

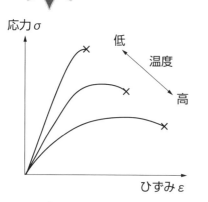

	温度低下	温度上昇
変形	しにくくなる	しやすくなる
引張強さ	大きくなる	小さくなる
衝撃強度 （伸び）	小さくなる	大きくなる

PoᴏɪɴT 2　温度の影響（長期）

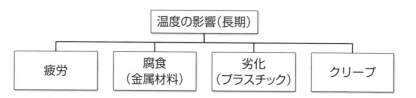

温度の影響（長期）

疲労　　腐食（金属材料）　　劣化（プラスチック）　　クリープ

PoᴏɪɴT 1　温度の影響（短期）

　材料強度は短期的及び長期的に使用温度の影響を強く受けます。短期的影響については、応力-ひずみ曲線の変化の様子を見ればわかりやすいでしょう。一般に、温度が低下すると曲線の傾きは大きく、山の高さは高くなり、あまり伸びずに破断するようになります。すなわち、温度低下によって材料は強く、変形しにくくなる一方、脆性的な破壊形態となる傾向（低温脆性）を持ちます。有名なアメリカのリバティー船の事故[1]は鉄鋼材料の低温脆性が原因の1つです。多くの材料

が低温脆性を示すため、低温環境下で使用する製品の場合は、材料が脆性的な性質を持つようになる温度（遷移温度）より使用温度が低くならないようにしなければなりません。一方、オーステナイト系ステンレス鋼（SUS304 など）やアルミニウム合金は低温脆性を示さず、LNG タンクなどの極低温環境用に使用されています。

　温度が上昇すると、曲線の傾きが小さく、山は低くなりますが、破断までの伸びは大幅に大きくなります。すなわち、温度上昇により材料は弱く、変形しやすくなる一方、より延性的な性質を持ちます。温度上昇への感受性は材料によって大きく異なります。汎用的に使用される鉄鋼材料では 300 ℃程度までは、それほど大きな変化はありません。しかし、アルミニウム合金では 150 ℃程度、汎用プラスチックでは 50〜60 ℃程度で強度が顕著に低下してしまいます。特にプラスチックは温度変化に非常に敏感です。また、種類によって温度特性が大きく異なるため、使用温度に適した材料を選定する必要があります。

　これらの特性は一般的な傾向を示すものであり、その変化の様子は材料によって様々です。また、温度変化に合わせて材料特性が一様に変化するわけではないことに留意する必要があります。

Point 2　温度の影響（長期）

　使用温度の違いは長期的にも様々な影響を与えます。疲労限度は一般に低温下で高く、高温下で低くなります。ただし、低温下では材料が脆性的な性質を持ち、切欠など製品の形状にも影響します。金属材料の腐食は様々なメカニズムのものがあり、一概にはいえませんが、傾向として温度が高いほど早く進行します。プラスチックの劣化は4-11で解説した通り、温度が高いほど早く進行します。プラスチック製品は劣化を避けることが不可能であるため、使用温度が製品の寿命を決めるといっても過言ではありません。クリープは使用温度に大きな影響を受ける現象です。次項で詳しく解説します。

　このように材料強度は温度の影響を強く受けます。物性表や材料カタログに記載されている材料特性は通常、常温における値です。設計対象の製品における使用温度範囲を明確にし、その範囲内における材料特性の変化を把握することが重要です。また、その使用温度範囲を考慮し、適切な材料強度を基準強度として選定しなければなりません。

左頁 1）失敗知識データベース「リバティー船の脆性破壊」　http://www.shippai.org/fkd/cf/
　　CB0011020.html

POINT 1 クリープとは

| クリープ | 物体に長期間に渡って応力が作用したとき、時間の経過とともにひずみが大きくなっていく現象。 |

POINT 2 クリープ曲線とクリープ強度

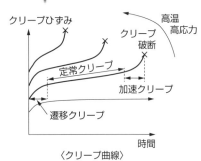

〈クリープ曲線〉

| クリープ強度 |

一定温度下でクリープひずみの増加が規定時間以下となる応力

例：200 ℃において1000 hで0.1 %のひずみ増加
　　アルミニウム合金：90 MPa

　　※合金の種類による

POINT 3 クリープ破断曲線とクリープ破断強度

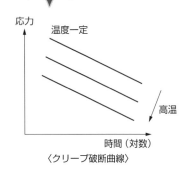

〈クリープ破断曲線〉

| クリープ破断強度 |

一定温度下で、一定時間でクリープ破断するときの応力

例：200 ℃において1000 hでクリープ破断
　　アルミニウム合金：110 MPa

　　※合金の種類による

Point 1　クリープとは

　物体に長期間に渡って応力が作用したとき、時間の経過とともにひずみが大きくなっていく現象をクリープといいます。高温、高応力の場合は、最終的に破断に至ります。静的強度よりも低い応力で壊れるため、高温下で長期間の応力を受ける製品では、後述するクリープ強度またはクリープ破断強度が基準強度となります。どれくらいの温度を高温と考えるかは、材料によって異なります。一般に融点が低い材料ほど、低い温度でクリープが発生します。例えば、融点が1500℃の鉄鋼材料では400〜500℃程度からクリープの影響が顕著になってきます。同じ金属材料でも融点の低いアルミニウム合金（融点：600℃程度）では、100℃付近でクリープが起こります。また、プラスチックやゴム、木材などの有機材料では室温でも容易にクリープを生じます。重い荷物を置いた木製の棚板やプラスチック製の衣装ケースが、時間の経過とともにたわんでくることがあります。これは常温で生じるクリープ現象の例です。

Point 2　クリープ曲線とクリープ強度

　クリープによるひずみの増加の様子を表す図をクリープ曲線といいます。図に示すようにクリープは遷移クリープ、定常クリープ、加速クリープの3つの段階を経て進んでいきます。遷移クリープの段階ではひずみ速度は時間とともに減少していきます。2段階目の定常クリープでは、ひずみ速度は一定になります。そして3段階目の加速クリープでひずみ速度が一気に上昇し、最終的に破断に至ります。クリープ曲線は同じ材料でも温度、応力によって変わり、高温、高応力であるほど急速にクリープが進行していきます。強度設計においては、製品の使用期間内において3段階目の加速クリープを起こさないような条件にすることが重要です。クリープに対する材料の抵抗力を示すために、一定温度下で、例えば1000 h に1%や0.1%などのひずみが生じる応力を基準強度として使うことがあります。これをクリープ強度といいます。

Point 3　クリープ破断曲線とクリープ破断強度

　クリープにより破断したときの応力と時間の関係を表す図をクリープ破断曲線といいます。一般に一定温度下で測定した点をつなぐと、図のように一直線上になります。応力が大きいほど、温度が高いほど早く破断します。強度設計では製品の使用期間中にクリープ破断が起きないように検討を行います。また、一定温度の下、一定時間でクリープ破断するときの応力をクリープ破断強度といいます。

POINT 1 鉄鋼材料とは

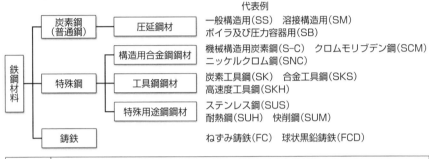

代表例

鉄鋼材料			代表例

炭素鋼（普通鋼）— 圧延鋼材
一般構造用(SS)　溶接構造用(SM)
ボイラ及び圧力容器用(SB)

特殊鋼 — 構造用合金鋼鋼材
機械構造用炭素鋼(S-C)　クロムモリブデン鋼(SCM)
ニッケルクロム鋼(SNC)

工具鋼鋼材
炭素工具鋼(SK)　合金工具鋼(SKS)
高速工具鋼(SKH)

特殊用途鋼鋼材
ステンレス鋼(SUS)
耐熱鋼(SUH)　快削鋼(SUM)

鋳鉄
ねずみ鋳鉄(FC)　球状黒鉛鋳鉄(FCD)

鉄鋼材料の特徴	・工業材料に必要な特性を広く備えており、最も基本となる材料。 ・特性、用途、形状ごとに極めて多様な規格材料が入手可能。 ・材料強度の下限値が保証されている規格材料が多く、ばらつきを考慮する必要がない。 ・成分調整と熱処理によって様々な特性を持たせることができる。

POINT 2 鉄鋼材料の材料強度の特徴

材料強度の特徴		説　明
静的強度		・大きな材料強度、延性を持つ材料が多く、工業材料として非常に優れた特性を持っている。 ・規格材料として材料強度の下限値が保証されている材料が多い。 ・低炭素鋼は明確な降伏点を持つ（その他の多くは持たない）。
動的強度	疲労	・繰返し荷重に対しても強い抵抗性を持っている。一般に鉄鋼材料は明確な疲労限度を持つ。
	衝撃	・鉄鋼材料は基本的に延性材料であり、衝撃に強い特性を持つ。ただし、鋳鉄のような脆性材料も存在する。
環境的影響	腐食	・多くの鉄鋼材料が腐食の問題を有している。鉄鋼材料の大きな欠点の一つ。ステンレス鋼（SUS）など耐食性を高めた材料あり。
	劣化	・プラスチックのような劣化は生じにくい。
	クリープ	・融点が高く、クリープは生じにくい。ただし、400℃程度からクリープの影響が顕著になる。耐熱鋼（SUH）など高温特性を高めた材料あり。
	温度	・融点が高いため、ある程度の高温まで強度を維持する。 ・低温脆性を持つ材料がある。
	その他の化学物質	・水素脆化する材料がある。

Point 1　鉄鋼材料とは

　鉄鋼材料は純鉄に炭素とそのほかの元素を添加し、必要な特性を付与した金属材料です。添加する元素や熱処理によって、様々な特性を付与することができ、多岐にわたる材料が準備されています。鉄鋼材料は延性や加工性、コストなど工業材料に必要な特性を広く備えており、材料選定する際に最も基本となる材料です。建築資材から自動車、日用品に至るまで、身の回りのあらゆる製品に利用されています。

　強度設計を行う上では、鉄鋼材料は最も使いやすい材料の1つです。多くの材料が JIS や材料メーカーによって規格化されていて、材料強度の下限値が保証されているからです。下限値が保証されているため、5-4 などで解説する材料強度のばらつきを考慮する必要がありません。材料強度に関する不確かさが少ないため、ほかの材料に比べると安全率を低めに設定することが可能です。

　鉄鋼材料の分類方法はいろいろとありますが、本書では表のように分けて考えます。炭素鋼（普通鋼）は鉄に炭素を 0.02 %～約 2.1 %とそのほかの元素を少量添加した材料で、鉄鋼材料の中で最も多く使用されています。炭素の含有量が約 0.3 %以下のものを低炭素鋼といいます。代表的な炭素鋼が一般構造用圧延鋼材（SS 材）で、記号が SS400 であれば引張強さの下限値が 400 MPa の材料であることを示しています。SS400 は安価であるため、建築や自動車、船舶などの構造部材として広く使用されています。炭素鋼にクロムやニッケルなどの特殊な元素を加えた材料が特殊鋼です。用途に合わせて様々な種類の特殊鋼が開発されています。代表的な特殊鋼がステンレス鋼です。ステンレス鋼は stain＋less（錆びない鋼）の意味で、表面に酸化皮膜が生じることにより、極めて高い耐食性を発揮します。身近なところではキッチンの金属製シンクがステンレス鋼で作られています。炭素を約 2.1 %以上添加した材料が鋳鉄です。加工性や振動吸収性に優れていますが、延性が低く衝撃に弱いため、用途としては限られています。

Point 2　鉄鋼材料の材料強度の特徴

　鉄鋼材料は本章で解説してきた3つの材料強度、すなわち静的強度、動的強度、環境的影響において、全般的に非常に優れた特徴を兼ね備えています。非常に優れた材料であるため、一般に静的強度に関することで強度トラブルが生じることは少ないといえます。ただし、疲労と腐食については様々な強度トラブルが発生しており、特に注意する必要があります。

金属材料(2)
非鉄金属材料

POINT 1 主な非鉄金属材料

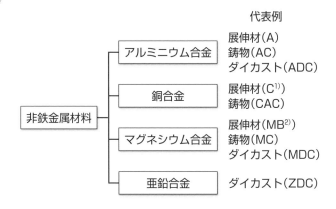

代表例

- 非鉄金属材料
  - アルミニウム合金
    - 展伸材(A)
    - 鋳物(AC)
    - ダイカスト(ADC)
  - 銅合金
    - 展伸材(C[1])
    - 鋳物(CAC)
  - マグネシウム合金
    - 展伸材(MB[2])
    - 鋳物(MC)
    - ダイカスト(MDC)
  - 亜鉛合金
    - ダイカスト(ZDC)

材料	重視される特性の例	強度設計上の注意点	用途例
アルミニウム合金	・比強度が高い ・耐食性 ・鋳造性／押出加工性 ・低温脆性を生じない	・耐熱性が低い ・応力腐食割れ（海水/水蒸気） ・異種金属腐食	・ネジ／リベット（A2017） ・飲料缶（A3004） ・一般板金（A5052） ・建築用サッシ（A6063） ・自動車部品（ADC12）
銅合金	・耐食性 ・低温脆性を生じない ・鋳造性 ・電気伝導性 ・熱伝導性	・比重が鉄よりも大きい ・応力腐食割れ（アンモニア）	・金管楽器（黄銅/洋白） ・硬貨（黄銅/青銅/白銅） ・船舶部品（アルミニウム青銅）
マグネシウム合金	・比強度が高い ・振動吸収性 ・耐くぼみ性	・耐食性が低い ・耐熱性が低い	・自動車部品（AZ91D） ・電子機器筐体（AZ91D） ・スピーカー振動板（AZ31B）
亜鉛合金	・耐衝撃性 ・鋳造性	・耐熱性が低い	・電子機器筐体（ZDC2） ・ハンドル/レバー（ZDC2）

Point 1　主な非鉄金属材料

鉄鋼材料以外の金属材料を非鉄金属材料といいます。鉄鋼材料と同じように純粋な金属元素のまま使用することはなく、様々な元素を添加した合金として使用されます。一般に非鉄金属材料は、鉄鋼材料では対応できない要求を満たすために選定されます。非常に多くの材料がありますが、よく使用される材料として図のように4種類の材料を紹介します。板材、棒材、管材などとして使用される展伸材と鋳物・ダイカスト用が規格化されています。

〈アルミニウム合金〉

非鉄金属材料の代表格がアルミニウム合金です。飲料缶や建築用サッシなど身の回りの製品でも多く使用されています。鉄鋼材料と同様に様々な規格材料が準備されています。アルミニウム合金は表面に酸化皮膜を生成するため高い耐食性を持っています。ただし、高強度グレードでは応力腐食割れを起こしやすくなるので注意が必要です。また、比強度[3]が高いという特徴を活かし、自動車用部品などで軽量化を目的に使用量が増加しています。低融点であるため鋳造や押出加工がしやすい反面、耐熱性は高くありません。

〈銅合金〉

電気伝導性が高く、用途の大部分は電線です。電線以外では耐食性、鋳造性を活かして様々な製品に利用されています。身の回りのものでは、1円玉以外の硬貨はすべて銅合金製です。また、ブラスバンドのブラス（brass）は黄銅（真ちゅう）のことを指しています。アンモニア雰囲気で応力腐食割れを起こすことがあります。

〈マグネシウム合金〉

実用金属材料の中で最も軽く比強度が高いため、自動車などの軽量化ニーズに応える材料として注目が高まっています。鉄鋼材料やアルミニウム合金に比べると種類は多くありません。プラスチックの射出成形のような加工法で成形できるため、複雑な形状の製品を効率よく生産することができます。また、耐くぼみ性を活かして、カメラや家電製品の筐体にも使用されています。

〈亜鉛合金〉

アルミニウム合金よりも融点が低いため、ダイカストにより薄肉で複雑な形状の製品を効率よく生産することができます。電子機器の筐体や機械のハンドル/レバーなどに用いられています。

左頁 1 ）銅合金は黄銅（真ちゅう）（C2600 他）、白銅（C7060 他）など固有の名称で呼ばれることが多い。
左頁 2 ）一般にマグネシウム合金の記号は AZ91D、AS41B のように ASTM 規格の記号で示されることが多い。
　　 3 ）Column 4 参照

4-16 プラスチック

POINT 1 プラスチックとは

代表例

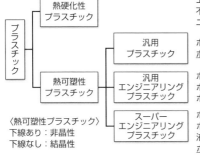

	代表例
熱硬化性プラスチック	エポキシ樹脂(EP)　フェノール樹脂(PF) 不飽和ポリエステル樹脂(UP) ユリア樹脂(UF)　ポリウレタン樹脂(PUR)
汎用プラスチック	ポリエチレン(PE)　ポリプロピレン(PP)　ポリスチレン(PS) ポリメタクリル酸メチル(PMMA)　ABS
汎用エンジニアリングプラスチック	ポリアミド(PA)※商品名：ナイロン ポリアセタール(POM)　ポリエチレンテレフタレート(PET) ポリブチレンテレフタレート(PBT)　ポリカーボネート(PC)
スーパーエンジニアリングプラスチック	ポリフェニレンスルフィド(PPS) ポリエーテルエーテルケトン(PEEK) 液晶ポリマー(LCP)　ポリテトラフルオロエチレン(PTFE) ポリエーテルイミド(PEI)

〈熱可塑性プラスチック〉
下線あり：非晶性
下線なし：結晶性

プラスチックの特徴	・多様な成形法、加工法により製品形状の自由度が非常に高い。 ・軽量（低比重）、低コスト ・ベース材料と配合剤の組合せにより様々な特性を持たせることができる。 ・金属材料のように規格で材料強度の下限値が保証されていない。

POINT 2 プラスチックの材料強度の特徴

材料強度の特徴		説　明
静的強度		・鉄鋼材料と比べると静的強度は非常に低い。ただし、比強度で比較すると強度の差は小さい。繊維強化により強度は大きく向上する。
動的強度	疲労	・疲労限度を持たない材料が多い。
	衝撃	・衝撃に強いポリカーボネート（PC）のような材料から、衝撃に弱いポリスチレン（PS）のような材料まで幅広い。
環境的影響	腐食	・金属のような腐食は生じにくい。
	劣化	・熱、酸素、水分、紫外線などにより劣化する。
	クリープ	・常温でも顕著なクリープを生じる。
	温度	・常温に近い温度でも少しの温度変化で特性が変化する。
	その他の化学物質	・プラスチックの種類と化学物質の組合せにより溶解、膨潤等を起こす。 ・非晶性プラスチックは薬品類と応力が同時に加わると、環境応力割れを起こしやすい。

Point 1　プラスチックとは

　プラスチックは日用品から建築資材、自動車や航空機に至るまであらゆる製品に使用されています。軽量化や低コスト化のニーズを受けて、従来は金属材料を使用していた部品をプラスチックに切り替える動きが活発になっています。プラスチックは大きく分けて2つの種類があります。1つは熱を加えることによって化学反応を起こし硬化させる熱硬化性プラスチックです。一度硬化すると温度を上げても溶融することはありません。もう1つは、熱を加えると溶融し、冷却すると硬くなる熱可塑性プラスチックです。一度成形した後でも熱を加えると再び溶融します。熱硬化性プラスチックは材料強度や耐熱性が非常に優れているものの、生産性が低く、リサイクルが難しいため、特定用途に限り使用されています。使用されるプラスチックの大半を占めるのが熱可塑性プラスチックです。耐熱性が低い順に汎用プラスチック、汎用エンジニアリングプラスチック、スーパーエンジニアリングプラスチックがあります。生産量は汎用プラスチックが大部分を占めます。さらに熱可塑性プラスチックには、分子構造の一部に結晶構造を持つ結晶性プラスチックと、結晶構造を持たない非晶性プラスチックがあります。両者は耐薬品性や寸法精度など、様々な特性に大きな違いを持っています。

　プラスチックの大きな特徴は、ベース材料と配合剤の組合せで様々な特性を持たせることができることです。そのため、例えば同じポリプロピレン（PP）でもグレードによって特性が大きく異なります。また、配合剤だけではなく、製品形状や成形条件などによって材料特性が変化することも大きな特徴です。したがって、金属材料のように規格で材料強度の下限値が保証されていないことに注意が必要です。5-4などで解説するばらつきの考え方が非常に重要な材料です。

Point 2　プラスチックの材料強度の特徴

　プラスチックには極めて多くの種類があり、それぞれ特性が異なります。多くのプラスチックに共通する特徴を表にまとめています。金属材料のように腐食しないことは大きなメリットですが、強度設計の観点では取扱いが難しい材料です。材料強度の下限値が保証されていないことに加えて、劣化、クリープ、温度特性、環境応力割れなどについてしっかり検討することが必要です。一方、製品形状に関しては、金属材料より圧倒的に自由度が高いことが多いので、断面形状の工夫や適切な補強構造を考えることにより、壊れにくい製品にすることが可能です。

比強度と比剛性

　近年、自動車関連を中心に製品の軽量化をいかに達成するかが大きな課題となっています。製品を軽量化するためには、軽くて強い（変形しにくい）材料を使用するのが手っ取り早いと考えられます。どのような材料が軽くて強いのかを示す指標が比強度と比剛性です。材料強度、縦弾性係数を比重で割ることによって求めることができます。代表的な材料の比強度、比剛性を見てみましょう。鉄鋼材料は引張強さ、縦弾性係数ともに非常に優れていますが、比強度、比剛性で見ると、優位性は小さくなっていることがわかります。軽量化を目的に、鉄鋼材料から非鉄金属材料やプラスチックに代替が進められているのはこのためです。

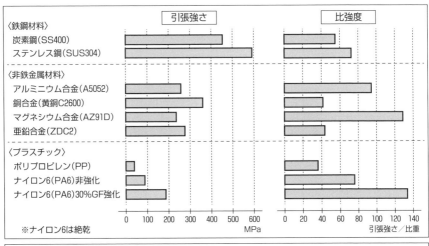

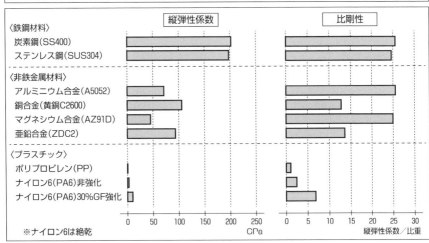

第 5 章

これならわかる!
強度設計の手法と実務事例

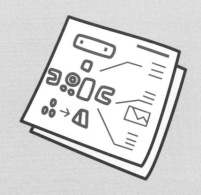

Point 1 ストレス-ストレングスモデルとは

ストレス-ストレングスモデル

発生応力（ストレス）と材料強度（ストレングス）の確率分布が交差する部分で製品の破壊が生じるとする考え方。

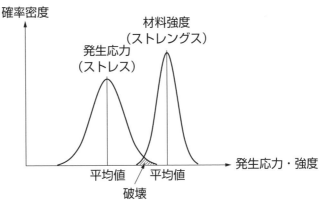

Point 2 主なばらつきの原因

発生応力	・作用する荷重のばらつき ・製品寸法のばらつき ・組立、加工のばらつき ・使用環境条件のばらつき ・製品の使われ方 ・測定方法
材料強度	・材料内部の欠陥 ・材料成分／配合剤のばらつき ・分子配向／繊維配向 ・製造、熱処理のばらつき ・加工時の傷／成形不良 ・腐食や劣化等の進行度合い

Point 1　ストレス‒ストレングスモデル

　強度設計の基本的な考え方は、発生する応力が材料の基準強度より小さくなるように形状設計や材料選定を行うことです。前章までに発生する応力と基準強度について学びましたので、すぐにでも強度設計ができるような気がします。しかし、実務においてはそう簡単ではありません。発生応力の計算は、製品に加わる最大荷重を何らかの仮説を元に設定して行います。最大荷重が法規制や業界基準で決まっている場合もありますが、実際にどの程度になるか正確にはわからない製品がほとんどです。製品寸法も加工や組立でばらつきが生じるはずです。したがって、実際に製品に生じる応力は、ばらつきを持って存在していると考えられます。材料強度も同様です。どのような材料でも生産ロットによって材料強度にばらつきが生じます。したがって、実務において強度設計を行う際には、これらのばらつきを考慮しなければなりません。そのような考え方を示すのがストレス‒ストレングスモデルです。発生応力（ストレス）と材料強度（ストレングス）はそれぞればらつきを持っていて、2つの確率分布が交差する部分で製品の破壊が生じるとする考え方です。図を見るとわかるように、それぞれの平均値を見た場合、材料強度の方が発生応力よりも大きいため、壊れることはないと判断することが可能です。しかし、発生応力の右端、材料強度の左端の部分は交差しており、一定の確率で製品が壊れてしまうことを意味しています。

Point 2　主なばらつきの原因

　発生応力や材料強度のばらつきの原因として、どのようなことが考えられるでしょうか。製品に発生する応力は第3章の強度計算式やCAE（構造解析）で求めることができます。しかし、作用する荷重や、製品寸法、組立・加工のばらつきにより、計算結果が大きく変わることが容易に予想されます。また、強度計算時の前提条件の違いも当然大きな影響があります。特に一般消費者向けの製品では、使用者がどのような使い方をするかの予想は難しく、想定を大きく超える荷重が加わる可能性もあります。

　材料強度については、JIS規格などによって、材料強度の最低値が保証されている場合もあります。保証されていない材料は、材料強度のばらつきを考える必要があります。材料内部の欠陥や成分、配合剤のばらつき、加工時の傷や不良などが材料強度のばらつきの原因として考えられます。また、使用期間中に腐食や劣化が進行する場合、その進行度合いの違いにより材料強度に差が生じます。

Point 1 欠陥と安全性等確保の範囲

欠陥

「当該製造物が通常有すべき
安全性を欠いていること」
(製造物責任法第二条 2)
欠陥のない製品:「意図する
使用」「予見可能な誤使用」
において安全性等が確保され
ている製品。

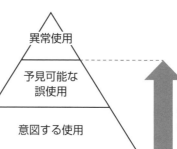

異常使用

予見可能な
誤使用

意図する使用

この範囲の使用
方法で拡大被害
が生じれば、賠
償責任を負う

安全性等確保
の範囲

Point 2 製品の使われ方設定の例(家庭用踏み台)

製品の使われ方の例(家庭用踏み台)

	意図する使用	予見可能な誤使用	異常使用
静的強度	使用者 70 kg (男性の平均程度)	使用者 100 kg (男性 95 パーセンタイル程度)	100 kg 以上
	天板中央部に乗る	天板端部に乗る	天板の角部につま先立ち
動的強度	ゆっくり乗り降り	10 cm の高さから 勢いよく飛び乗る	10 cm 以上の高さから 勢いよく飛び乗る
	10 万回乗り降り	20 万回乗り降り	20 万回以上乗り降り
環境的影響	真水付着	海水付着(微量)	海水付着(大量)
	中性洗剤で清掃	弱アルカリ性洗剤で清掃	強酸性洗剤で清掃

Point 1 製品の欠陥と安全性確保の範囲

　発生応力のばらつきを考える上で、製品がどのように使われるのか、また、ど
のような使われ方まで配慮する必要があるのかを明確にすることが重要です。そ
の際に考えなければならないことの 1 つが、製造物責任法の賠償責任範囲です。

製造物責任法では製品に欠陥があった場合、製造業者などは賠償責任を負うと定められています。欠陥とは製造物責任法第二条2で「当該製造物が通常有すべき安全性を欠いていること」とされています。一般にこれは、「意図する使用」と「予見可能な誤使用」の範囲の使われ方では賠償責任があり、社会的に異常だと判断される使用方法（異常使用）では賠償責任がないと考えられています。したがって、どのような使われ方が、意図する使用、予見可能な誤使用、異常使用に当たるのかを明確にし、設計で配慮する範囲を決定しなければなりません。しかし、使われ方を明確に線引きすることは非常に難しいため、多くの企業でこの作業が十分に行われていないのが実情です。

POINT 2　製品の使われ方設定の例（家庭用踏み台）

　家庭用踏み台を例に使われ方の設定について考えてみましょう。踏み台は非常にシンプルな製品です。しかし、実は製品事故が多い製品の1つです[1]。なぜ製品事故が多いのか。使われ方を考えるとわかってきます。踏み台の使われ方について静的強度、動的強度、環境的影響に関するものに分けて考えてみます。例えば、静的強度について、使用者の体重の上限をどう設定するかは、悩ましい問題です。人類すべての人を対象にすると、数百 kg の使用者まで使えるように設計する必要があります。それは極端だとしても、90 kg なのか 100 kg なのか、どこかに線を引かなければなりません。動的強度について、軽く飛び乗るという誤使用が考えられます。しかし、何 cm の高さまで配慮するかは簡単には決められません。環境的影響について、使用環境条件によっては、材料の腐食や劣化につながる可能性があります。この表を見るとわかるように、製品の使われ方に関して、どこで線を引くのかの判断は本当に難しい問題です。踏み台は使用者自身の位置エネルギーが危険源となるシンプルな製品であるため、強度設計以外の安全対策は非常に限られています。さらに使用者である一般消費者の使い方をコントロールすることは困難です。そのため家庭用踏み台は製品事故がどうしても多くなる傾向にあると考えられます。

　製品の使われ方の明確化は正解がない問題です。それでも企業が蓄積した製品の不具合情報や、モニター評価などを通して、しっかり検討していく必要があります。本項の例では一般消費者による製品の使われ方について考えましたが、それ以外にも、製造、輸送、メンテナンスなど製品ライフサイクル全体に渡って考えることも重要です。

1）踏み台の製品事故事例　https://www.nite.go.jp/jiko/chuikanki/press/2015fy/prs150827.html

5-3 製品の使用期間の考え方

POINT 1 いつか必ず壊れる…

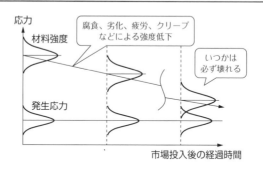

応力

材料強度

腐食、劣化、疲労、クリープ
などによる強度低下

いつかは
必ず壊れる

発生応力

市場投入後の経過時間

POINT 2 製品の使用期間の考え方

根拠の例		内　容	期間
企業が独自に決められる期間	無償保証期間	使用者の過失、不注意が原因ではない不具合に対して、無償で修理・交換を行う期間。	製品による（数ヶ月～数年）
	設計寿命（耐用年数）	製品に要求される機能・性能を維持させる期間。※安全性と安全性以外の両方	製品による（一般に無償保証期間より長い）
法律によって定められた期間	製造物責任法（PL法）	製品の欠陥による拡大被害に対して責任を負う期間。	時効 10 年
	民法	不法行為（過失）による損害に対して責任を負う期間。	時効 20 年
	消費生活用製品安全法	製品の欠陥により急迫した危険がある場合、行政は製品の回収などを命じることができる（危害防止命令）。	期間の定めなし
その他	企業の社会的責任	契約、法律上の責任がなくても、社会的要請または企業ブランド価値維持の観点から社告、リコール等を行うことがある。	期間の定めなし

POINT 1 いつか必ず壊れる…

　腐食や劣化、疲労、クリープなどによる材料強度の低下は、長い時間をかけて徐々に進行します。図は5-1のストレス–ストレングスモデルを時間軸に拡張したものです。製品を市場に投入した当初は、材料強度と発生応力の間に大きな余裕があったとしても、時間の経過とともに材料強度が低下してきます。そして、あ

る時点で両者の曲線は交わることになります。つまり何年、何十年後になるかはわかりませんが、製品はいつか必ず壊れると考えられます。したがって、強度設計においては、製品の安全性や性能などを確保する期間を明確にする必要があります。

Point 2　製品の使用期間の考え方

　使用期間を明確にするにあたって、どのようなことを考慮すればよいでしょうか。企業が独自に決められるのが、無償保証期間と設計寿命（耐用年数）です。これらの期間は通常、安全性と安全性以外の機能・性能の両方を確保することを目指します。製品によりますが、無償保証期間は数ヶ月から数年程度、設計寿命はそれよりも長いことが一般的です。無償保証期間と設計寿命以外については企業が独自に決めることはできません。

　無償保証期間や設計寿命を過ぎても製品は継続して使用されることがほとんどです。それではいつまで使用されることを想定して強度設計を行えばよいでしょうか。安全性以外の不具合や、拡大被害を伴わない不具合については、設計寿命以降は補修や買い替えをしてもらえば多くの場合問題になりません。しかし、安全性や拡大被害を伴う不具合の場合、製造物責任法による賠償責任を負います。製造物責任法は消費者保護の観点から制定された法律で、被害者は製品に欠陥があることさえ立証すればよく、被害者側に有利な法律です。そのため製造物責任法の責任期間である10年が使用期間設定の目安となります。

　製造物責任法の責任期間である10年が経過しても、民法709条の不法行為による損害に対しては20年の責任期間があります。不法行為とは企業や設計者の故意や過失のことです。この法律において被害者が企業から損害賠償を受けるには、企業側の不法行為を立証しなければなりません。これは被害者側にとっては非常にハードルが高いことです。すべてのリスクについて20年を設定すると、過剰な設計にせざるを得ません。重大な影響が想定される事象についてのみ、民法の20年に対応するというのが1つの考え方です。

　製品の欠陥により差し迫った危険があると行政が判断した場合、消費生活用製品安全法の定めにより、行政は製品の回収などを命じることができます。この規定には期間が定められておらず、20年以上経過した製品でも対象となります。また、企業の社会的責任にも期限はありません。法律上の責任を問われなくても、重大な事象が生じた場合、何らかの対応を迫られることもあります。製品はいつか必ず壊れます。永久に強度確保するような設計を行うことは不可能です。Column 5で示す安全設計手法を考慮することや、評価試験を製品が壊れるまで実施し、その最期（死に方）が危険でないか確認することも必要です。

POINT 1　材料強度のばらつき

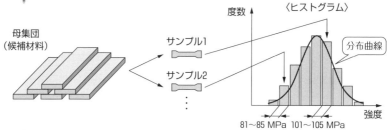

母集団
（候補材料）

サンプル1

サンプル2

〈ヒストグラム〉

度数

分布曲線

強度

81〜85 MPa　101〜105 MPa

POINT 2　様々な分布の形

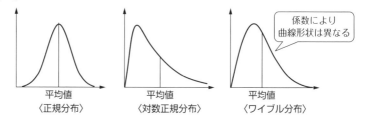

係数により
曲線形状は異なる

平均値
〈正規分布〉

平均値
〈対数正規分布〉

平均値
〈ワイブル分布〉

POINT 3　材料強度データ使用上の注意

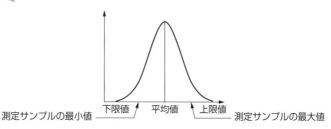

測定サンプルの最小値 ── 下限値　平均値　上限値 ── 測定サンプルの最大値

POINT 1　材料強度のばらつき

5-1で解説したストレス-ストレングスモデルで、材料強度の曲線を左右対称の

山のような形で描きました。では、実際に使用する材料の強度は、それと同じような山の形をしているのでしょうか。山といっても高い山もあれば、低い山もあります。左右のどちらかに偏りのある山もあります。山の形が違うと強度設計に影響するため、しっかりと調べる必要がありそうです。

　まず母集団（候補材料の全生産分）から抽出したサンプルを使って、強度を測定していきます。一定の範囲に入る強度の度数を計測して積み上げていくと、材料強度の分布が少しずつ見えてきます。測定するサンプル数を増やしていくと、曲線がだんだん滑らかになり、母集団の強度のばらつきを示す分布曲線に近づいていきます。ただし、工業材料は通常大量生産品であるため、現実的には母集団の本当の分布曲線を知ることは不可能です。

Point 2　様々な分布の形

　上述のようにして得た分布曲線は、測定する材料や特性値によってさまざまな形になります。図に示す３つは材料強度のばらつきを考える際によく出てくる分布です。正規分布は延性材料の引張強さや降伏応力、対数正規分布はクリープ強度や疲労寿命、ワイブル分布は脆性材料の材料強度になることが多いといわれています[1]。３つの分布曲線を見ると、材料強度の平均値といっても、分布曲線の形によって全く意味が異なってくることが理解できます。しかし、実務において候補材料の分布曲線を入手できることはほとんどありません。統計解析の手法を使えば、分布の形を推定することは可能ですが、手間がかかります。そのため、厳密な強度設計が必要な場合を除けば、材料強度が正規分布に従っていると考えて設計を進めることが一般的です。正規分布については次項で詳しく解説します。

Point 3　材料強度データ使用上の注意

　材料強度データは材料メーカーに依頼したり、自社で試験を行ったりすることにより入手します。その際に重要なことは、入手したデータが、ばらつき（分布曲線）の中のどういう位置の値なのかをよく把握することです。例えば、鉄鋼材料などの JIS 規格で材料強度の下限値が規定されている材料は、分布曲線の左端付近の値です。したがって、分布曲線がどのような形なのかを意識する必要はありません。一方、材料強度が規定されていない材料の場合、何らかの方法でその値が分布曲線のどの位置にあるのかを推定する必要があります。その推定方法については 5-6、5-7 で解説します。

1）材料によって異なる。材料強度の分布に関する報告はあまり多くない。

5-5 正規分布について

Point 1　正規分布とは

正規分布

釣鐘型で平均値を中心に左右対称となる分布。身の回りの現象の多くが
正規分布とみなせる。平均値と標準偏差だけで分布が決まる。

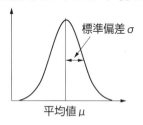

標準偏差 σ

平均値 μ

〈正規分布とみなせる現象の例〉

・延性材料の引張強さ
・よく管理された工程で生産された部品の寸法
・年齢、性別ごとの身長
・テストの点数　　など

n 個のデータ　$\{x_1, x_2, \cdots x_n\}$

〈平均値〉

Excel では AVERAGE 関数

$$\mu = \frac{x_1 + x_2 + \cdots + x_n}{n} \qquad \cdots\cdots(5.5.1)$$

〈標準偏差〉

Excel では STDEV.P 関数

$$\sigma = \sqrt{\frac{(x_1 - \mu)^2 + (x_2 - \mu)^2 + \cdots + (x_n - \mu)^2}{n}} \qquad \cdots\cdots(5.5.2)$$

Point 2　正規分布におけるばらつきの大きさ

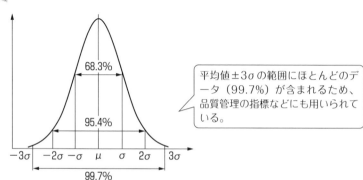

68.3%

95.4%

平均値 $\pm 3\sigma$ の範囲にほとんどのデータ（99.7%）が含まれるため、品質管理の指標などにも用いられている。

-3σ　-2σ　$-\sigma$　μ　σ　2σ　3σ

99.7%

Point 1　正規分布とは

　前項でも述べた通り、母集団（候補材料）の分布曲線を把握することは容易ではなく、実務上はできないことが普通です。そのため、母集団が正規分布であると仮定して、ばらつきを考えることが一般に行われています。それでは、正規分布とはどのような特徴があるのか見ていきましょう。正規分布とは図のように釣鐘型で左右対称の形をしています。平均値付近の値が最も出現しやすく、平均値から離れるほどめったに出現しない値であることを示しています。延性材料の引張強さや、よく管理された工程で生産された部品の寸法、テストの点数の分布など、身の回りの現象の多くが正規分布になります。正規分布の大きな特徴は平均値と標準偏差だけで分布の形が決まることです。そのため数値の扱いが非常に容易です。

　全部で n 個のデータがあり、そのばらつきが正規分布の場合、平均値と標準偏差は、それぞれ式(5.5.1)、(5.5.2)で計算することができます。データの数が多い場合は Excel などの表計算ソフトを使うとよいでしょう。

Point 2　正規分布におけるばらつきの大きさ

　正規分布は平均値と標準偏差だけで決まるため、ばらつきの大きさを簡単に示すことができます。図に示すように、平均値 $\pm\sigma$ の範囲に全データの 68.3 %、平均値 $\pm2\sigma$ の範囲に 95.4 %、平均値 $\pm3\sigma$ の範囲に 99.7 % が含まれています。したがって、平均値 $\pm3\sigma$ を考えれば、ほとんどの値はその範囲に含まれていると考えることができます。そのため、ある特性値の平均値 -3σ を下限値、平均値 $+3\sigma$ を上限値として扱うことがあります。このような考え方は強度設計だけではなく、加工品の品質管理などにも用いられています。

	引張強さ[MPa]
①	142.8
②	143.5
③	144.8
④	145.1
⑤	145.8
⑥	147.1
⑦	149.3
⑧	150.4
⑨	152.5
⑩	153.7

【例題 5-1】　ある部品の引張強さを 10 個測定したところ、右の表のような結果となった。引張強さのばらつきを平均値 $\pm3\sigma$ で示せ。

《解説》式(5.5.1)、(5.5.2)より

$$\mu = \frac{142.8 + 143.5 + \cdots + 153.7}{10} = 147.5 \text{ MPa}$$

$$\sigma = \sqrt{\frac{(142.8-147.5)^2 + (143.5-147.5)^2 + \cdots + (153.7-147.5)^2}{10}} \fallingdotseq 3.6 \text{ MPa}$$

となる。したがって

$\mu - 3\sigma = 136.7 \text{ MPa}$、$\mu + 3\sigma = 158.3 \text{ MPa}$

5-6 材料強度の上限値と下限値の推定(1)

Point 1 母集団のばらつきとサンプルのばらつき

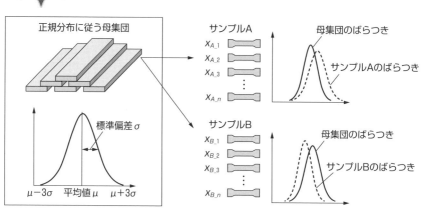

正規分布に従う母集団

標準偏差 σ

$\mu-3\sigma$ 平均値 μ $\mu+3\sigma$

サンプルA
x_{A_1}
x_{A_2}
x_{A_3}
$\vdots$
x_{A_n}

母集団のばらつき
サンプルAのばらつき

サンプルB
x_{B_1}
x_{B_2}
x_{B_3}
$\vdots$
x_{B_n}

母集団のばらつき
サンプルBのばらつき

Point 2 サンプル数によるばらつきの違い

〈データ A～E〉
平均値 100、標準偏差 10 の正規分布に従う母集団（データ数 1000個）からそれぞれランダムに抽出したデータ

データ A	データ B	データ C	データ D	データ E
110.4	111.0	110.5	88.7	99.3
98.8	85.7	92.4	113.1	98.2
113.1	102.3	101.2	112.4	90.0
91.8	127.4	94.0	113.8	92.7
102.8	96.6	96.7	101.2	89.6
100.0	100.0	91.0	104.3	106.1
98.7	89.0	104.4	98.5	95.6
97.3	113.2	100.0	98.5	119.8
106.0	97.9	104.0	82.2	91.4
118.7	102.2	74.5	97.1	89.4

	母集団	データ A	データ B	データ C	データ D	データ E	データ A+B	データ A+B+C	データ A+B+C+D	データ A+B+C+D+E
サンプル数	—	10	10	10	10	10	20	30	40	50
平均値	100	103.8	102.5	96.9	101.0	97.2	103.1	101.1	101.0	100.3
標準偏差	10	7.8	11.5	9.4	9.9	9.1	9.9	10.2	10.1	10.0
平均値−3σ	70	80.4	67.9	68.6	71.2	70.0	73.5	70.6	70.7	70.2
平均値+3σ	130	127.2	137.1	125.1	130.7	124.5	132.8	131.5	131.3	130.3

データごとのばらつきが大きい

サンプル数が増えるにつれて母集団の値に近づく傾向にある

Point 1　母集団のばらつきとサンプルのばらつき

　強度設計において、設計者が最も知りたいのは材料強度の上下限値（特に下限値）です。平均値だけでは安心して設計を行うことができません。母集団の分布を正規分布と仮定し、n 個のサンプルを使って、例えば平均値 -3σ の値を計算すれば、ほぼ下限値とみなせる値を入手できます。しかし、このときに得た値は、設計者が知りたい母集団の本当の下限値ではありません。偶然選んだ n 個のサンプルで推定したサンプル自身の下限値です。例えば、図のように正規分布に従う母集団からサンプルＡというグループとサンプルＢというグループのデータを入手したとします。これら2つのグループのデータについて、平均値 -3σ を計算すると同じ値になるでしょうか。容易に予想できるように、同じ値にはなりません。母集団のばらつきに対して小さくなったり、大きくなったりします。偶然大きい値に偏ったサンプルを測定していれば分布は右側にずれ、偶然平均値付近の値ばかりを選んでいれば、標準偏差（ばらつき）は小さくなります。サンプル数が少ないほど、母集団からずれる可能性が高くなります。

Point 2　サンプル数によるばらつきの違い

　それではサンプル数によるばらつきの違いを例で考えてみましょう。表のように平均値 100、標準偏差 10 の正規分布に従う母集団（データ数 1000 個）から、それぞれ 10 個ずつランダムに抽出したデータＡ〜Ｅを準備します。このとき、それぞれのデータごとに平均値と標準偏差を計算し比較します。その結果は表にあるように、データごとのばらつきが非常に大きいことが分かります。平均値 -3σ が最も小さいのがデータＢの 67.9、最も大きいのがデータＡで 80.4 です。母集団の平均値 -3σ は 70 ですので、データＡを使って強度設計を行った場合、状況によっては不具合につながる可能性があります。データＢを使った場合は、安全側なので強度上は問題ありませんが、余分なコストをかけていることになります。それではサンプルの数を増やしていくとどうなるでしょうか。表に示すようにサンプル数が増えるにつれて、母集団の値に近づく傾向にあることがわかります。つまり、サンプルから母集団の下限値を考える際には、どうしても母集団からのずれが避けられないということと、そのずれはサンプル数に関係があるということを考慮しなければなりません。

材料強度の上限値と下限値の推定(2)

Poɪɴᴛ 1 母集団のばらつきの推定

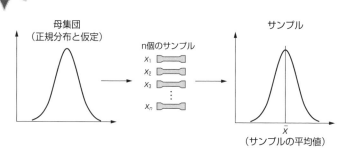

母集団
（正規分布と仮定）

n個のサンプル

x_1
x_2
x_3
$\vdots$
x_n

サンプル

$\bar{x}$
（サンプルの平均値）

〈サンプルの平均値〉

Excel では AVERAGE 関数

$$\bar{x} = \frac{x_1 + x_2 + \cdots + x_n}{n}$$

$\cdots\cdots$(5.7.1)

〈不偏標準偏差〉

Excel では STDEV.S 関数

$$s = \sqrt{\frac{(x_1 - \bar{x})^2 + (x_2 - \bar{x})^2 + \cdots + (x_n - \bar{x})^2}{n-1}}$$

$\cdots\cdots$(5.7.2)

Poɪɴᴛ 2 母集団の上限値と下限値の推定

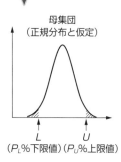

母集団
（正規分布と仮定）

L　U
（P_L%下限値）（P_U%上限値）

γ%信頼水準（γ%の確率）で母集団のP_U%またはP_L%が含まれると推定されるU、L

P_U%上限値 $U = \bar{x} + ks$ $\cdots\cdots$(5.7.3)

P_L%下限値 $L = \bar{x} - ks$ $\cdots\cdots$(5.7.4)

k：片側許容限界係数

付録(6)参照

Point 1　母集団のばらつきの推定

　母集団のばらつきを推定する方法について解説していきます。母集団が正規分布に従うと仮定し、n 個のサンプルから母集団のばらつきを推定します。まず、サンプルの平均値を求めます。平均値は母集団ではなくサンプルのものであることを示すために $\bar{x}$ とおきます。計算方法は式(5.5.1)と同じです。次にサンプルから母集団のばらつきを推定するために、不偏標準偏差 s と呼ばれる値を計算します。これは式(5.5.2)の分母を n から $n-1$ にしたものです。不偏標準偏差を使うことにより、サンプル自身ではなく母集団のばらつきを計算していることになります。Excel を使用する場合は、式(5.5.2)の標準偏差を求める関数と異なることに注意してください。

Point 2　母集団の上限値と下限値の推定

　上記で求めた不偏標準偏差と片側許容限界係数 k という値を用いて母集団の上下限値を推定します。式(5.7.3)、(5.7.4)により、γ％信頼水準（γ％の確率）で母集団の P_U％または P_L％が含まれると推定される U、L を求めることができます。γ％信頼水準とは、推定した U、L が γ％の確率で正しいということを意味しています。k の値は付録(6)を参照してください。付録(6)を見るとわかるように、サンプル数が少ないほど k の値が大きくなっています。つまり、サンプル数が少ないときは、推定される下限値は小さくなり、過度に安全側になってしまうということです。したがって、ある程度の精度で下限値を推定したい場合は、サンプル数を増やす必要があります。

> **【例題 5-2】**　引張強さが正規分布と仮定できる材料のサンプルを 10 個入手した。測定の結果、引張強さの平均値が 38.5 MPa、不偏標準偏差が 2.75 MPa だった。95％信頼水準における 5％下限値を推定せよ。

《解説》
付録(6)より
$k = 2.91096$
式(5.7.4)より
$L = 38.5 - 2.91096 \times 2.75 \fallingdotseq 30.5$ MPa

Point 1　許容応力

許容応力

　製品に生じることを許容する最大応力のこと。

　基準強度に対して、各種の不確かさに備えるため設定する。

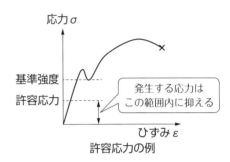

応力 σ

基準強度

許容応力

発生する応力はこの範囲内に抑える

ひずみ ε

許容応力の例

Point 2　安全率

S_f 安全率

基準強度と許容応力の比。通常 1 より大きい値を取る。

$$安全率\ S_f = \frac{基準強度}{許容応力} \qquad \cdots\cdots(5.8.1)$$

$$S_f = S_{f1} \times S_{f2} \times S_{f3} \times S_{f4} \times S_{f5} \times S_{f6} \times \cdots \qquad \cdots\cdots(5.8.2)$$

各事象に対する安全率		安全率設定の考え方
S_{f1}	基準強度データの精度	低い　⇒　S_{f1} 大きく
S_{f2}	延性材料／脆性材料	脆性材料　⇒　S_{f2} 大きく
S_{f3}	荷重設定の精度	低い　⇒　S_{f3} 大きく
S_{f4}	静荷重／繰り返し荷重／衝撃荷重	S_{f4}：静荷重＜繰り返し荷重＜衝撃荷重
S_{f5}	応力計算の精度	低い　⇒　S_{f5} 大きく
S_{f6}	不具合発生時の影響／リスク	大きい　⇒　S_{f6} 大きく

Point 1　許容応力

　本章ではここまで、発生応力や材料強度に対するばらつきについて主に解説してきました。それらを考えると、発生応力が基準強度ギリギリになるような設計では、少しでも想定よりばらつきが大きかっただけで、問題を起こしてしまいます。また、強度設計を行う上で様々な不確かさがあるのも事実です。そのため、ばらつきや不確かさに備えて、発生する最大応力を低めに抑えるように設計するのが普通です。このとき製品に生じることを許容する最大応力のことを許容応力といいます。設計者は発生応力が設定した許容応力の範囲内に抑えるように設計しなければなりません。許容応力は法律や業界規格などで決まっている製品もありますが、一般には企業や設計者が製品の特性に応じて決める値です。

Point 2　安全率

　基準強度と許容応力の比のことを安全率といいます。当然ですが、安全率は通常1より大きく取ります。安全率が2であれば、製品に発生する応力は最大でも基準強度の半分ということを意味します。安全率が大きいほど材料強度に余裕があるということなので、その方が安全だと思うかもしれません。しかし、安全率が大きいということは、それだけ不確かなことが多いともいえます。したがって、一概に安全性が高いとはいい切れません。安全率は式(5.8.2)に示すように、不確かさを生じる事象に対する安全率を、それぞれかけ合わせたものだと考えることができます。例えば、基準強度データの精度です。下限値が保証されている材料であれば問題ありませんが、サンプル評価で下限値を推定する場合、一般にあまり高い精度は期待できません。その他にも、脆性材料では安全率を大きめに、製品の使われ方の不確かさが大きいようであれば、その分も考慮に入れる必要があります。

　安全率を小さくすることにより、使用する材料を減らしたり、汎用的な材料に置き換えたりすることができます。ただし、安全率を小さくするためには、不確かさを1つずつ取り除いていく作業が必要です。材料のばらつきの評価や製造工程の管理、強度設計技術の向上など、膨大な手間とコストをかけなければなりません。したがって、生産数量が少ない製品や一品物の受注生産品では安全率を下げることに大きなメリットがない場合もあります。安全率は安全性やコスト、製品重量に直結する問題であるため、設計プロセスにおける最重要決定事項の1つです。設計者個人だけではなく、設計部門や組織全体で十分な議論を行って決定することが重要です。

Point 1 CAEについて

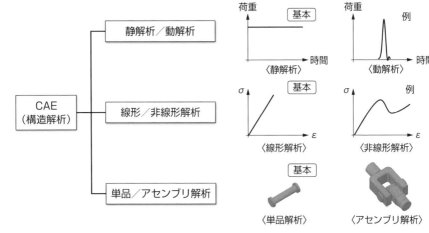

Point 2 CAEのポイント

例

両端単純支持はりの構造解析

(1) 荷重の種類

中央に集中荷重

(2) 支持条件

xyz軸固定　　　yz軸固定

(3) メッシュ

(4) 応力評価

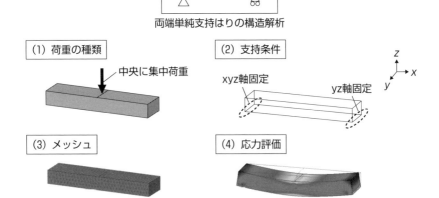

POINT 1 CAEについて

　CAEとはComputer Aided Engineeringの略で、強度計算（構造解析）だけではなく、熱流体解析や音響解析など、多くの分野で活用されています。CAEを活用することにより、手計算では難しいような複雑な形状の部品の解析や、精度の高い評価を行うことが可能です。CAEツールはハイエンドのものから無料のものまで多様な品揃えがあり、設計者がいつでも利用できる環境が整っているといえます。しかし、詳しい普及率はわからないものの、3DCADと比べると、普段の業務で使っているという設計者は少ないように感じています。設計者の方はぜひ電卓のように気軽にCAEツールを使いこなしてほしいと思います。

　CAE（以降構造解析を指す）にもいくつか種類があります。その中で最も基本的な組合せが「静解析」「線形解析」「単品解析」です。CAEにこれから取り組む設計者は、まずこの組合せを使いこなせるようになることが重要です。特に、製品はアセンブリ品が多いので、どうしてもアセンブリ解析したくなることは理解できます。しかし、アセンブリでは部品同士の接触条件を考慮する必要があり、単品解析よりも難易度がかなり高くなります。

POINT 2 CAEのポイント

　基本の組合せであれば、本書の内容を理解した上で、図の4つのポイントを押さえることにより問題なく使えるようになります。両端単純支持はりの中央に集中荷重が与えられる条件を例に考えていきましょう。まず、(1)の荷重の種類です。2-8や第3章で解説した通り、荷重の種類によって発生応力や変形量が異なります。必要に応じてモデルの面を分割するなどの工夫をして、解析対象と同条件になるように荷重を与えます。(2)の支持条件はxyz軸に関して、それぞれ移動と回転の条件を与えます。2-7では平面だけを考えましたが、CAEでは奥行き方向の条件も与える必要があります。例の両端単純支持はりであれば、方法はいくつかありますが、左端のエッジのxyz軸、右端エッジのyz軸を固定することによって同様の支持条件にすることができます。支持条件をうまくモデル化できるかが、CAEの成否を決めるといってもよいぐらい重要な作業です。(3)のメッシュは応力の変化が大きい部分は小さくする必要があります。メッシュを徐々に小さくしていき、結果が変わらなくなればメッシュサイズに問題はありません。ただし、切欠部など特異点と呼ばれる応力集中部分は、いくらメッシュを小さくしても応力が大きくなるばかりで正しく解析することができません。特異点を作らないようにするか、評価上問題がないのであればその部分は無視して構いません。最後の(4)応力評価については次項で解説します。

POINT 1　応力評価の方法

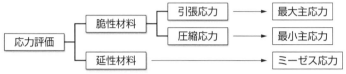

※正負（引張応力or圧縮応力）の評価は主応力を見る。

POINT 2　主応力

主応力

　物体内の微小要素には垂直応力（σ）とせん断応力（τ）が同時に作用している。

　微小要素を回転させると、せん断応力がゼロになる位置が存在する。そのときの垂直応力を主応力という。

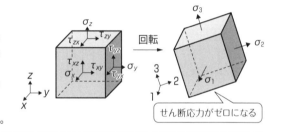

主応力の特徴	・脆性材料の強度評価に適する。 ・符号が存在する（正と負がある） ・主応力（σ_1、σ_2、σ_3）のうち、最大のものを最大主応力、最小のものを最小主応力という。

POINT 3　ミーゼス応力

σ_e ミーゼス応力

三次元的に生じている複雑な応力をただ1つの垂直応力として表したもの。

主応力を使って表した式

$$\sigma_e = \sqrt{\frac{1}{2}\{(\sigma_1-\sigma_2)^2+(\sigma_2-\sigma_3)^2+(\sigma_3-\sigma_1)^2\}} \qquad \cdots\cdots(5.10.1)$$

ミーゼス応力の特徴	・延性材料の強度評価に適する。 ・正の値のみしか存在しないため、引張応力と圧縮応力の区別ができない。

Point 1　応力評価の方法

　CAE の最後のポイントが応力評価です。CAE を実施する上で最もわかりにくいところだと思います。用語については後述しますが、一般的な応力評価の方法について結論からいうと、図のように行います。脆性材料の引張応力は最大主応力、圧縮応力は最小主応力を使います。また、延性材料については、ミーゼス応力を使用します。ただし、ミーゼス応力は正負の区別（引張応力 or 圧縮応力）ができませんので、正負の評価自体は主応力を使って行います。

Point 2　主応力

　本書では応力を垂直応力とせん断応力の2つに分けて考えてきました。しかし、実際の製品に生じる応力は、棒材に引張荷重が加わったときのように単純ではありません。図のように物体内の微小要素において垂直応力とせん断応力が同時に発生している複雑な状況（三次元応力状態）を考える必要があります。このままでは評価が難しいため、この微小要素の座標系を回転させていきます。すると、せん断応力がゼロになる位置が存在します。そのときの垂直応力を主応力といいます。主応力は脆性材料の応力評価に適していると考えられています。主応力には符号が存在し、正の場合は引張応力、負の場合は圧縮応力が作用していることを示しています。また、主応力は図のように3つ存在し、その中で最大のものを最大主応力、最小のものを最小主応力といいます。したがって、引張応力の最大値は最大主応力で、圧縮応力の最大値（値は負）は最小主応力によって評価を行います。

Point 3　ミーゼス応力

　一般に主応力における応力評価は延性材料には適していないと考えられているため、ミーゼス応力を使って評価を行います。ミーゼス応力は三次元的に生じている複雑な応力をただ1つの垂直応力として表したものです。Point 2 で定義した3つの主応力を使って式（5.10.1）のように表すことができます。1つの値だけを見ればよいので、効率的に応力を評価することができます。しかし、ミーゼス応力は式（5.10.1）を見るとわかるように、正の値のみしか存在せず、引張応力なのか圧縮応力なのかを区別することができません。そのため、延性材料の応力評価を行う場合は、まずミーゼス応力の値が大きい部位を特定し、その部分が引張応力なのか圧縮応力なのかを主応力を使って確認する、という作業が必要になります。

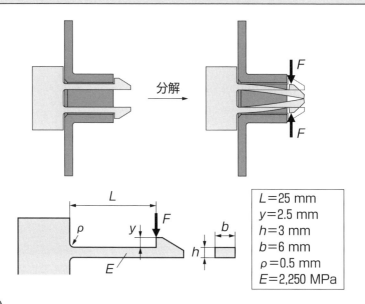

事例 1 スナップフィット

スナップフィットで締結された部品を分解するために必要な力 F を求めよ。また、その際にスナップフィットに生じる最大応力を求めよ。

分解

L=25 mm
y=2.5 mm
h=3 mm
b=6 mm
ρ=0.5 mm
E=2,250 MPa

《解説》

　スナップフィットを分解するために必要なたわみを y とする。付録(2)-1 より、力を与える部分のたわみは以下の式で表すことができる。

$$y = \frac{FL^3}{3EI}$$

式を変形すると

$$F = \frac{3EIy}{L^3}$$

となる。付録(1)-1 より、長方形断面の断面二次モーメント I は、

$$I = \frac{bh^3}{12}$$

であるので

$$F = \frac{Ebh^3y}{4L^3}$$

130

となり、数値を代入すると、スナップフィットを分解するために必要な力 F が求まる。

$$F = \frac{2250 \times 6 \times 3^3 \times 2.5}{4 \times 25^3} = 14.58 \text{ N}$$

荷重 F が加わったとき、スナップフィットの根本部分に最大応力が発生する。その大きさは付録(2)-1 より、

$$\sigma_{max} = \frac{FL}{Z}$$

である。長方形断面の断面係数 Z は付録(1)-1 より、

$$Z = \frac{bh^2}{6}$$

であるので、代入すると

$$\sigma_{max} = \frac{6FL}{bh^2}$$

となる。ただし、スナップフィットの根元部分には、小さな R 部があるため、応力集中が生じる。応力集中係数を α とすると、最大応力は以下の式で求めることができる。

$$\sigma'_{max} = \alpha \frac{6FL}{bh^2}$$

応力集中係数は付録(4)-5 のグラフから読み取る。グラフにおける B/b を 5 以上と考えると、応力集中係数は 1.6 程度と読み取ることができる。したがって、分解時にスナップフィットに生じる最大応力は以下のようになる。

$$\sigma'_{max} = 1.6 \times \frac{6 \times 14.58 \times 25}{6 \times 3^2} = 64.8 \text{ MPa}$$

物干し竿

物干し竿の強度設計を行いたい。製品の使われ方を検討したところ、下記表の【1-2】、【2-2】のような予見可能な誤使用が抽出された。下記仕様の物干し竿が安全性を確保することができるか検討せよ。【1-2】、【2-2】の場合の安全率をそれぞれ2、5とする。

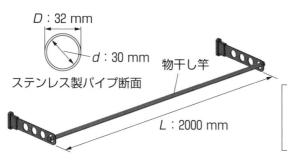

D：32 mm
d：30 mm
物干し竿
ステンレス製パイプ断面
L：2000 mm

〈ステンレス鋼（SUS304）〉
耐力：205 MPa
引張強さ：520 MPa
E：縦弾性係数：193 GPa

	意図する使用	予見可能な誤使用	異常使用
静的荷重	【1-1】　10 kg の洗濯物を等間隔に並べて掛ける。動作はゆっくりと行う。	【1-2】　30 kg の子供が製品中央部分にぶら下がる。	【1-3】　30 kg より重い子供や成人が製品中央部分にぶら下がる。
動的荷重	【2-1】　ピンチハンガーに掛けた洗濯物（2 kg）を2回／日掛け降ろしする。	【2-2】　ピンチハンガーに掛けた洗濯物（5 kg）を高さ30 mm の位置から急に手を離して掛ける。	【2-3】　ピンチハンガーに掛けた洗濯物（5 kg）を高さ30 mm より高い位置から急に手を離して掛ける。
環境的影響	【3-1】　屋外で使用（紫外線、雨水、温度変化）。	【3-2】　屋外で使用（沿岸地域における微量の海水付着）。	【3-3】　海岸近くで使用（大量の海水付着）。

《解説》

　物干し竿は一般消費者が使用する製品であるため、使われ方を十分に検討しなければならない。上記表は5-2の考え方を元に検討を行い、一部を抜粋したものである[1]。

　【1-2】について、物干し竿を両端単純支持のはりにモデル化して検討する。

1）強度設計を理解するための事例として検討を行ったものであり、実際の製品とは無関係である。

付録(1)–6 より

$$Z = \frac{\pi}{32D}(D^4 - d^4)$$

付録(2)–4 より最大応力は、

$$\sigma_{max} = \frac{FL}{4Z}$$

したがって

$$\sigma_{max} = \frac{8FLD}{\pi(D^4 - d^4)}$$

値を代入すると

$$\sigma_{max} = \frac{8 \times 30 \times 9.8 \times 2000 \times 32}{3.14(32^4 - 30^4)} \fallingdotseq 200.9 \text{ MPa}$$

【1–2】の使われ方において、パイプの破断が起きなければ、安全性に問題が生じないと考えると、SUS304 の引張強さを基準強度にすればよい。また、安全率が 2 であるため、引張強さの半分の 260 MPa が許容応力となる。上述のように発生応力 σ_{max} は許容応力以下となり、安全性を確保することができる。

　次に【2–2】の使われ方について検討する。物干し竿の中央部にピンチハンガーが自由落下すると考えると、付録(3)–4 の計算式を使用して衝撃応力を求めることができる。

$$\sigma_{imp} = \sigma_{st}\left(1 + \sqrt{1 + \frac{2h}{v_{st}}}\right)$$

静的荷重時の応力 σ_{st}、たわみ v_{st} は付録(2)–4 及び付録(1)–6 より求める。

$$\sigma_{st} = \frac{FL}{4Z} = \frac{8FLD}{\pi(D^4 - d^4)} = \frac{8 \times 5 \times 9.8 \times 2000 \times 32}{3.14(32^4 - 30^4)} \fallingdotseq 33.5 \text{ MPa}$$

$$v_{st} = \frac{FL^3}{48EI} = \frac{4FL^3}{3\pi(D^4 - d^4)E} = \frac{4 \times 5 \times 9.8 \times 2000^3}{3 \times 3.14(32^4 - 30^4) \times 193 \times 10^3} \fallingdotseq 3.6 \text{ mm}$$

それぞれ値を代入すると

$$\sigma_{imp} = 33.5\left(1 + \sqrt{1 + \frac{2 \times 30}{3.6}}\right) \fallingdotseq 174.3 \text{ MPa}$$

【1–2】と同様に、引張強さを基準強度と考える。安全率は 5 であるため、引張強さの 1/5 が許容応力である。引張強さの 1/5 は 104 MPa であるため、衝撃応力 σ_{imp} は許容応力を超えてしまう。厚みを増やすなど仕様の見直しが必要である。また、衝撃応力の計算はいくつもの前提条件を置いた上で求められるものであるため、実機による評価試験などにより精度を高めることが望ましい。

サンプル評価による材料の選定

ある製品に使用するプラスチック材料（ABS）について、材料 A、B を候補として検討している。それぞれ試験用サンプルを 10 個ずつ入手し、引張降伏応力を測定したところ、以下のような結果となった。より好ましいと考えられる材料は A、B のどちらか。

〈候補材料A〉

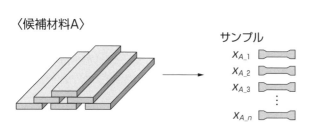

サンプル

x_{A_1}
x_{A_2}
x_{A_3}
$\vdots$
x_{A_n}

引張降伏応力 (MPa) (n=10)
53.7
56.7
57.2
57.5
58.0
59.0
59.2
59.7
60.1
60.9

〈候補材料B〉

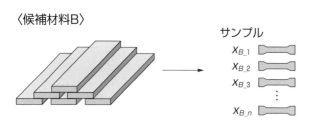

サンプル

x_{B_1}
x_{B_2}
x_{B_3}
$\vdots$
x_{B_n}

引張降伏応力 (MPa) (n=10)
54.1
55.2
57.4
58.7
59.2
61.8
64.0
65.7
68.5
70.4

《解説》

まず、各サンプルの平均値を求める。

式(5.7.1)より

$$\bar{x}_A = \frac{53.7 + 56.7 + \cdots + 60.9}{10} = 58.2 \,\mathrm{MPa}$$

$$\bar{x}_B = \frac{54.1 + 55.2 + \cdots + 70.4}{10} = 61.5 \,\mathrm{MPa}$$

サンプルの平均値で比較すると、候補材料Bの方が大きな引張降伏応力を持っているといえる。しかし、引張降伏応力については、ばらつきを考慮して下限値で評価する必要がある。そこで、両候補材料の母集団が正規分布であると仮定し、信頼水準が95％のときの5％下限値で比較を行うことにする。

サンプルの不偏標準偏差は式(5.7.2)より

$$s_A = \sqrt{\frac{(53.7 - 58.2)^2 + (56.7 - 58.2)^2 + \cdots + (60.9 - 58.2)^2}{10 - 1}} \fallingdotseq 2.08$$

$$s_B = \sqrt{\frac{(54.1 - 61.5)^2 + (55.2 - 61.5)^2 + \cdots + (70.4 - 61.5)^2}{10 - 1}} \fallingdotseq 5.54$$

不偏標準偏差は候補材料の母集団のばらつきを計算していることになる。候補材料Bの不偏標準偏差の方が大きいことから、候補材料Bの方がより大きなばらつきを持っているといえる。

サンプル数10、信頼水準95％、5％下限値における片側許容限界係数は、付録(6)より

$$k = 2.91096$$

である。したがって、式(5.7.4)より

$$L_A = \bar{x}_A - k s_A = 58.2 - 2.91096 \times 2.08 \fallingdotseq 52.1 \,\mathrm{MPa}$$

$$L_B = \bar{x}_B - k s_B = 61.5 - 2.91096 \times 5.54 \fallingdotseq 45.4 \,\mathrm{MPa}$$

となる。平均値では候補材料Bの方が大きな引張降伏応力を示したものの、下限値は候補材料Aの方が大きいと推定される。したがって、より好ましいのは候補材料Aと判断できる。

ある製品でねじりモーメント T が作用する直径 D_1 の中実軸を使用している。この軸の軽量化を図るために、中空軸に変更することを検討している。最大ねじり応力が同じになるように中空軸の外径と内径を定めたとき、どのくらい軽量化が可能か調べよ。なお、両軸とも同じ材料を使用し、中空軸の内径は外径の 1/2 とする。

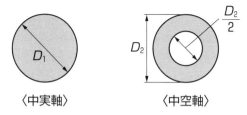

〈中実軸〉　　　　　〈中空軸〉

《解説》

中実軸、中空軸の極断面係数は 3–13 の **Point 2** の表より、

$$Z_{P\_1} = \frac{\pi D_1^{\,3}}{16}$$

$$Z_{P\_2} = \frac{\pi}{16 D_2}\left\{ D_2^{\,4} - \left(\frac{D_2}{2}\right)^4 \right\} = \frac{15 \pi D_2^{\,3}}{256}$$

ねじりモーメント T が作用したとき、中実軸及び中空軸に発生する最大ねじり応力 $\tau_{1\,max}$、$\tau_{2\,max}$ は式 (3.13.3) より

$$\tau_{1\,max} = \frac{T}{Z_{P\_1}} = \frac{16 T}{\pi D_1^{\,3}}$$

$$\tau_{2\,max} = \frac{T}{Z_{P\_2}} = \frac{256 T}{15 \pi D_2^{\,3}}$$

$\tau_{1\,max} = \tau_{2\,max}$ より

$$\frac{16 T}{\pi D_1^{\,3}} = \frac{256 T}{15 \pi D_2^{\,3}}$$

式を変形して外径の比をとると、

$$\frac{D_2}{D_1} = \sqrt[3]{\frac{16}{15}} \fallingdotseq 1.02$$

したがって、中空軸の外径は中実軸の 1.02 倍であることがわかる。

次に、それぞれの断面積 A_1、A_2 を求める。

$$A_1 = \pi \left(\frac{D_1}{2}\right)^2 = \frac{\pi D_1^2}{4}$$

$$A_2 = \pi \left\{ \left(\frac{D_2}{2}\right)^2 - \left(\frac{D_2}{4}\right)^2 \right\} = \frac{3\pi D_2^2}{16}$$

断面積の比をとると、

$$\frac{A_2}{A_1} = \frac{\dfrac{3\pi D_2^2}{16}}{\dfrac{\pi D_1^2}{4}} = \frac{3}{4}\left(\frac{D_2}{D_1}\right)^2$$

$D_2 = 1.02 D_1$ を代入すると、

$$\frac{A_2}{A_1} = \frac{3 \times 1.02^2}{4} \fallingdotseq 0.78$$

比重、長さが同じだと仮定すると、中空軸は中実軸の78 ％の質量となることがわかる。すなわち、22 ％の軽量化が可能である。

安全設計手法

　本書で解説した強度設計の考え方は、ストレス-ストレングスモデルと安全率の導入により、ばらつきや多少の不確かさがあっても設定した使用期間内に故障しないことを目指すものです。このような安全設計手法をセーフライフ（安全寿命設計）といいます。典型的な製品が圧力タンクで、安全率が法律で定められています。しかし、ばらつきや各種の不確かさは、想定を超える可能性があります。5-3で解説したように、安全性を担保しなければならない使用期間も数十年に及ぶこともあります。すべての製品をセーフライフの思想で設計することは、難しいといわざるを得ません。そこで、セーフライフ以外の代表的な安全設計手法を紹介したいと思います。

安全設計手法	内　容	製品例
セーフライフ （安全寿命設計）	設定した使用期間内に故障しないことを目指す設計手法。ストレス-ストレングスモデルの考え方と安全率の導入によって達成を目指す。	圧力タンク 一般のあらゆる製品
フェールセーフ	故障したときに安全側の状態となるようなシステムによってリスクの低減を目指す設計手法。	踏切の遮断機 エレベータの非常止め装置
フォールトトレランス	システムの冗長化、多重化により、一部の構成部品が故障しても製品の機能・安全を確保することを目指す設計手法。停止させることができないシステムで採用される。	無停止型サーバ 航空機
フールプルーフ	使用者が誤った使い方をしても安全を確保することを目指す設計手法。	洗濯機の蓋 一般のあらゆる製品

　フェールセーフは、製品が故障することを前提に、故障したときに安全側の状態となる（多くの場合製品の機能を止める）ようにする考え方です。製品の機能維持より安全を優先します。停電時に重力により自動的に降りてくる踏切の遮断機が代表的な例です。身の回りの多くの製品でも採用されています。フォールトトレランスは、システムの冗長化、多重化により、製品の機能を止めずに安全を確保することを目指す考え方です。無停止型サーバーや航空機など製品の機能を止めることができない製品で採用されます。

　フールプルーフは、使用者が誤った使い方をしても安全を確保することを目指す考え方です。想定される製品の使われ方を抜け漏れなく抽出し、設計段階でフールプルーフ化を図ります。回転が止まらないと開けられない洗濯機の蓋など、身の回りのあらゆる製品で見つけることができます。

強度設計便利帳

番号	断面形状	断面積 A [mm²]	中立軸（図心）位置 e [mm]
1		bh	$\dfrac{h}{2}$
2		$BH-bh$	$\dfrac{H}{2}$
3		$b(H-h)$	$\dfrac{H}{2}$
4		h^2	$\dfrac{h}{\sqrt{2}}$
5		$\dfrac{\pi d^2}{4}$	$\dfrac{d}{2}$
6		$\dfrac{\pi}{4}(D^2-d^2)$	$\dfrac{D}{2}$

1）寸法の単位はすべて mm。

断面二次モーメント I[mm^4]	断面係数 Z[mm^3]
$\dfrac{bh^3}{12}$	$\dfrac{bh^2}{6}$
$\dfrac{1}{12}\left(BH^3-bh^3\right)$	$\dfrac{1}{6H}\left(BH^3-bh^3\right)$
$\dfrac{b}{12}\left(H^3-h^3\right)$	$\dfrac{b}{6H}\left(H^3-h^3\right)$
$\dfrac{h^4}{12}$	$\dfrac{h^3}{6\sqrt{2}}$
$\dfrac{\pi d^4}{64}$	$\dfrac{\pi d^3}{32}$
$\dfrac{\pi}{64}\left(D^4-d^4\right)$	$\dfrac{\pi}{32D}\left(D^4-d^4\right)$

番号	断面形状	断面積 A [mm^2]	中立軸(図心)位置 e [mm]
7		πab	b
8		$\dfrac{bh}{2}$	$e_1 = \dfrac{1}{3}h$ $e_2 = \dfrac{2}{3}h$
9		$\dfrac{h}{2}(b_1 + b_2)$	$e_1 = \dfrac{h(b_1 + 2b_2)}{3(b_1 + b_2)}$ $e_2 = \dfrac{h(2b_1 + b_2)}{3(b_1 + b_2)}$
10		$bs + t(d-s)$	$e_1 = d - \dfrac{d^2 t + s^2(b-t)}{2\{bs + t(d-s)\}}$ $e_2 = \dfrac{d^2 t + s^2(b-t)}{2\{bs + t(d-s)\}}$
11		$bd - h(b-t)$	$\dfrac{d}{2}$

断面二次モーメント I [mm^4]	断面係数 Z [mm^3]
$$\dfrac{\pi a b^3}{4}$$	$$\dfrac{\pi a b^2}{4}$$
$$\dfrac{bh^3}{36}$$	$$Z_1 = \dfrac{bh^2}{12}$$ $$Z_2 = \dfrac{bh^2}{24}$$
$$\dfrac{h^3 (b_1{}^2 + 4b_1 b_2 + b_2{}^2)}{36 (b_1 + b_2)}$$	$$Z_1 = \dfrac{h^2 (b_1{}^2 + 4b_1 b_2 + b_2{}^2)}{12 (b_1 + 2b_2)}$$ $$Z_2 = \dfrac{h^2 (b_1{}^2 + 4b_1 b_2 + b_2{}^2)}{12 (2b_1 + b_2)}$$
$$\dfrac{1}{3} \{ t e_1{}^3 + b e_2{}^3 - (b - t)(e_2 - s)^3 \}$$	$$Z_1 = \dfrac{I}{e_1}$$ $$Z_2 = \dfrac{I}{e_2}$$
$$\dfrac{bd^3 - h^3 (b - t)}{12}$$	$$\dfrac{bd^3 - h^3 (b - t)}{6d}$$

番号	断面形状	断面積 $A\,[\mathrm{mm}^2]$	中立軸（図心）位置 $e\,[\mathrm{mm}]$
12		$bs + t(d-s)$	$e_1 = d - \dfrac{d^2 t + s^2(b-t)}{2\{bs + t(d-s)\}}$ $e_2 = \dfrac{d^2 t + s^2(b-t)}{2\{bs + t(d-s)\}}$
13		$bs + 2t(d-s)$	$e_1 = d - \dfrac{2d^2 t + s^2(b-2t)}{2\{bs + 2t(d-s)\}}$ $e_2 = \dfrac{2d^2 t + s^2(b-2t)}{2\{bs + 2t(d-s)\}}$
14	 $s = \dfrac{d-h}{2}$	$td + 2s(b-t)$	$\dfrac{d}{2}$
15		$2td + s(b-2t)$	$\dfrac{d}{2}$

断面二次モーメント $I[\mathrm{mm^4}]$	断面係数 $Z[\mathrm{mm^3}]$
$\dfrac{1}{3}\{te_1{}^3 + be_2{}^3 - (b-t)(e_2-s)^3\}$	$Z_1 = \dfrac{I}{e_1}$ $Z_2 = \dfrac{I}{e_2}$
$\dfrac{1}{3}\{2te_1{}^3 + be_2{}^3 - (b-2t)(e_2-s)^3\}$	$Z_1 = \dfrac{I}{e_1}$ $Z_2 = \dfrac{I}{e_2}$
$\dfrac{bd^3 - h^3(b-t)}{12}$	$\dfrac{bd^3 - h^3(b-t)}{6d}$
$\dfrac{2td^3 + s^3(b-2t)}{12}$	$\dfrac{2td^3 + s^3(b-2t)}{6d}$

はりの強度計算

番号	はりの種類	最大曲げモーメント $|M_B|_{max}$ [N・mm]	最大応力 σ_{max}[MPa] ($\sigma_{max} = |M_B|_{max}/Z$)	最大ひずみ ε_{max}[—] ($\varepsilon_{max} = \sigma_{max}/E$)	最大たわみ v_{max} [mm]
1		FL	$\dfrac{FL}{Z}$	$\dfrac{FL}{EZ}$	$\dfrac{FL^3}{3EI}$
2		$\dfrac{qL^2}{2}$	$\dfrac{qL^2}{2Z}$	$\dfrac{qL^2}{2EZ}$	$\dfrac{qL^4}{8EI}$
3		M_0	$\dfrac{M_0}{Z}$	$\dfrac{M_0}{EZ}$	$\dfrac{M_0 L^2}{2EI}$
4		$\dfrac{FL}{4}$	$\dfrac{FL}{4Z}$	$\dfrac{FL}{4EZ}$	$\dfrac{FL^3}{48EI}$

番号	はりの種類	最大曲げモーメント $\|M_B\|_{max}$ [N·mm]	最大応力 σ_{max}[MPa] ($\sigma_{max}=\|M_B\|_{max}/Z$)	最大ひずみ ε_{max}[—] ($\varepsilon_{max}=\sigma_{max}/E$)	最大たわみ v_{max} [mm]
5		$\dfrac{qL^2}{8}$	$\dfrac{qL^2}{8Z}$	$\dfrac{qL^2}{8EZ}$	$\dfrac{5qL^4}{384EI}$
6		M_0	$\dfrac{M_0}{Z}$	$\dfrac{M_0}{EZ}$	$\dfrac{M_0L^2}{8EI}$
7		$\dfrac{FL}{8}$	$\dfrac{FL}{8Z}$	$\dfrac{FL}{8EZ}$	$\dfrac{FL^3}{192EI}$
8		$\dfrac{qL^2}{12}$	$\dfrac{qL^2}{12Z}$	$\dfrac{qL^2}{12EZ}$	$\dfrac{qL^4}{384EI}$

F：荷重 [N]、E：縦弾性係数 [MPa]、I：断面二次モーメント [mm^4]、Z：断面係数 [mm^3]、L：長さ [mm]

衝撃荷重の強度計算

番号	条件	衝撃応力 σ_{imp} [MPa]	変形量、たわみ ΔL_{imp}、v_{imp} [mm]
1		$\sigma_{imp} = \sigma_{st}\left(1 + \sqrt{1 + \dfrac{2h}{\Delta L_{st}}}\right)$ ただし、σ_{st}、ΔL_{st} は静的荷重時の値を示し、 $\left[\sigma_{st} = \dfrac{W}{A},\ \Delta L_{st} = \dfrac{WL}{EA}\right]$ とする。	ΔL_{imp} $= \Delta L_{st}\left(1 + \sqrt{1 + \dfrac{2h}{\Delta L_{st}}}\right)$ ただし、ΔL_{st} は静的荷重時の値を示し、 $\left[\Delta L_{st} = \dfrac{WL}{EA}\right]$ とする。
2			
3		$\sigma_{imp} = \sigma_{st}\left(1 + \sqrt{1 + \dfrac{2h}{v_{st}}}\right)$ ※σ_{st}、v_{st} は静的荷重時の最大値を示し、付録2から σ_{max}、v_{max} を選択	$v_{imp} = v_{st}\left(1 + \sqrt{1 + \dfrac{2h}{v_{st}}}\right)$ ※v_{st} は静的荷重時の最大値を示し、付録2から v_{max} を選択
4			
5			

W：重量 [N]、A：断面積 [mm^2]、E：縦弾性係数 [MPa]、I：断面二次モーメント [mm^4]、Z：断面係数 [mm^3]

応力集中係数[1]

番号	条件及び 公称応力 σ_n	応力集中係数 α $(\alpha = \sigma_{max}/\sigma_n)$

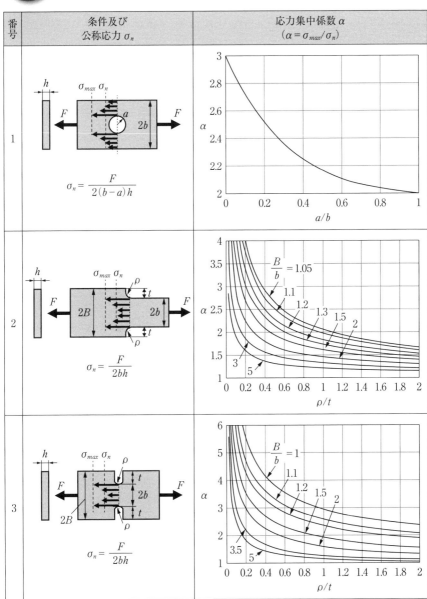

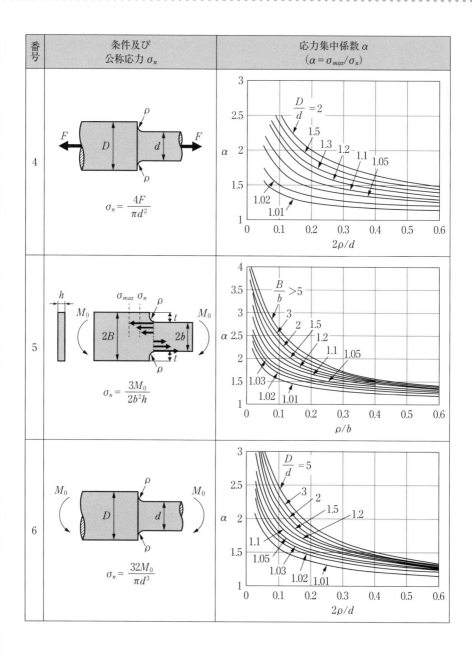

番号	条件及び公称応力 σ_n	応力集中係数 α ($\alpha = \sigma_{max}/\sigma_n$)
4	$\sigma_n = \dfrac{4F}{\pi d^2}$	
5	$\sigma_n = \dfrac{3M_0}{2b^2 h}$	
6	$\sigma_n = \dfrac{32M_0}{\pi d^3}$	

1）西田正孝「応力集中（増補版）」（森北出版）を元にグラフ作成

主な工業材料の特性[1]

	縦弾性係数 E [MPa]	ポアソン比 ν [—]	降伏応力/耐力 $\sigma_y/\sigma_{0.2}$ [MPa]	引張強さ σ_m [MPa]	伸び $\delta/\varepsilon_{tb}/\varepsilon_b$ [%]	比重 [—]	線膨張係数 α [×10⁻⁶/℃]
一般構造用圧延鋼材 (SS400)	206×10^3	0.3	≧245	400〜510	≧21	7.9	11.7
機械構造用炭素鋼 (S45C)	211×10^3	0.29	≧490	≧690	≧17	7.8	11.7
クロムモリブデン鋼 (SCM435)	210×10^3	0.3	≧785	≧930	≧15	7.8	11.4
ねずみ鋳鉄 (FC250)	108×10^3	0.27	—	≧250	2	7.3	10.8
オーステナイト系ステンレス鋼 (SUS304)	193×10^3	0.3	≧205	≧520	≧40	7.9	17.3
フェライト系ステンレス鋼 (SUS430)	200×10^3	0.3	≧205	≧450	≧22	7.7	10.4
アルミニウム合金 (A5052)	70×10^3	0.33	215	260	12	2.7	24
黄銅 (C2600)	110×10^3	0.33	—	350	35	8.5	19.9
マグネシウム合金 (AZ91D)	45×10^3	0.35	150	230	3	1.81	26
亜鉛合金 (ZDC2)	90×10^3	—	—	285	10	6.7	27.4
ポリプロピレン (PP)	1400	0.42	—	35	100	0.9	100
ABS	2500	0.35	—	50	12	1.05	80
ナイロン6 (PA6) (絶乾)	3000	0.38	—	85	40	1.13	80
ナイロン6 (PA6) 30％GF強化 (絶乾)	9500	0.35	—	185	3	1.36	30

・数値は常温における代表値を示す。熱処理、厚み、加工法、配合等により変動することに注意。

1) JIS規格 (旧規格含む)、材料メーカーカタログ、物質・材料研究機構 (NIMS) 物質・材料データベース等より筆者作成。

片側許容限界係数[1]

サンプル数(n)	信頼水準90％の確率 P			信頼水準95％の確率 P			信頼水準99％の確率 P		
	P_U:90 ％ (上限値) P_L:10 ％ (下限値)	P_U:95 ％ (上限値) P_L:5 ％ (下限値)	P_U:99 ％ (上限値) P_L:1 ％ (下限値)	P_U:90 ％ (上限値) P_L:10 ％ (下限値)	P_U:95 ％ (上限値) P_L:5 ％ (下限値)	P_U:99 ％ (上限値) P_L:1 ％ (下限値)	P_U:90 ％ (上限値) P_L:10 ％ (下限値)	P_U:95 ％ (上限値) P_L:5 ％ (下限値)	P_U:99 ％ (上限値) P_L:1 ％ (下限値)
2	10.25271	13.08974	18.50008	20.58147	26.25967	37.09358	103.02861	131.42629	185.61696
3	4.25816	5.31148	7.34044	6.15528	7.65590	10.55273	13.99541	17.37020	23.89556
4	3.18784	3.95657	5.43823	4.16193	5.14387	7.04236	7.37989	9.08345	12.38728
5	2.74235	3.39983	4.66598	3.40663	4.20268	5.74108	5.36172	6.57834	8.93902
6	2.49369	3.09188	4.24253	3.00626	3.70768	5.06199	4.41108	5.40555	7.33457
7	2.33265	2.89380	3.97202	2.75543	3.39947	4.64172	3.85913	4.72786	6.41194
8	2.21859	2.75428	3.78255	2.58191	3.18729	4.35386	3.49721	4.28525	5.81180
9	2.13287	2.64990	3.64144	2.45376	3.03124	4.14302	3.24041	3.97226	5.38888
10	2.06567	2.56837	3.53166	2.35464	2.91096	3.98112	3.04791	3.73831	5.07373
11	2.01129	2.50262	3.44342	2.27531	2.81499	3.85234	2.89766	3.55619	4.82903
12	1.96620	2.44825	3.37067	2.21013	2.73634	3.74708	2.77672	3.40993	4.63300
13	1.92808	2.40240	3.30948	2.15544	2.67050	3.65920	2.67699	3.28956	4.47203
14	1.89534	2.36311	3.25716	2.10877	2.61443	3.58451	2.59313	3.18854	4.33718
15	1.86684	2.32898	3.21182	2.06837	2.56600	3.52013	2.52148	3.10237	4.22236
16	1.84177	2.29900	3.17206	2.03300	2.52366	3.46394	2.45943	3.02787	4.12325
17	1.81949	2.27240	3.13685	2.00171	2.48626	3.41440	2.40509	2.96270	4.03670
18	1.79954	2.24862	3.10542	1.97380	2.45295	3.37033	2.35703	2.90515	3.96036
19	1.78154	2.22720	3.07714	1.94870	2.42304	3.33082	2.31416	2.85388	3.89244
20	1.76521	2.20778	3.05154	1.92599	2.39600	3.29516	2.27565	2.80787	3.83156
30	1.65706	2.07982	2.88372	1.77733	2.21984	3.06390	2.02983	2.51549	3.44651
40	1.59789	2.01027	2.79318	1.69718	2.12549	2.94094	1.90173	2.36411	3.24855
50	1.55947	1.96529	2.73489	1.64556	2.06499	2.86245	1.82080	2.26890	3.12461

1）山内二郎（編）「統計数値表」 日本規格協会を元に筆者作成

本書における記号の使用例

記号	本書における用例	記号	本書における用例
α	応力集中係数／線膨張係数／角度	F	力／荷重
β	角度	G	横弾性係数
γ	せん断ひずみ	g	重力加速度
δ	伸び／移動量	h	高さ
ε	垂直ひずみ	I	断面二次モーメント
θ	角度、ねじれ角	I_P	断面二次極モーメント
λ	移動量	k	ばね定数／片側許容限界係数
μ	平均値	$L、l$	長さ／寿命／P_L％下限値
ν	ポアソン比	M	モーメント／曲げモーメント
π	円周率	m	質量
ρ	曲率半径／R部半径	N	内力／繰り返し数
σ	垂直応力／標準偏差	P	力／荷重
σ_a	応力振幅	R	反力／気体定数
τ	せん断応力	S	せん断力
ϕ	丸棒の直径	S_f	安全率
A	断面積	s	不偏標準偏差
a	加速度／長さ／半径	T	温度／ねじりモーメント（トルク）
b	長さ	U	位置エネルギー／P_U％上限値
C	端末係数（座屈）	v	たわみ
$D、d$	円の直径	W	重量
E	縦弾性係数	$\bar{x}$	サンプルの平均値
E_a	活性化エネルギー	Z	断面係数
e	中立軸からの距離	Z_p	極断面係数

単位換算

番号	量	本書で主に使用する単位	単位換算	
1	長さ	mm	$1\,\text{mm} = 0.1\,\text{cm}$ $1\,\text{mm} = 1 \times 10^{-3}\,\text{m}$	$1\,\text{cm} = 10\,\text{mm}$ $1\,\text{m} = 1 \times 10^{3}\,\text{mm}$
2	質量	kg	$1\,\text{kg} = 1 \times 10^{-3}\,\text{t}$	$1\,\text{t} = 1 \times 10^{3}\,\text{kg}$
3	力	N	$1\,\text{N} = 1 \times 10^{-3}\,\text{kN}$ $1\,\text{N} = 0.102\,\text{kgf}$	$1\,\text{kN} = 1 \times 10^{3}\,\text{N}$ $1\,\text{kgf} = 9.807\,\text{N}$
4	応力 縦弾性係数 横弾性係数	MPa (N/mm^2)	$1\,\text{MPa} = 1 \times 10^{6}\,\text{Pa}$ $1\,\text{MPa} = 1 \times 10^{3}\,\text{kPa}$ $1\,\text{MPa} = 1 \times 10^{-3}\,\text{GPa}$ $1\,\text{MPa} = 10.197\,\text{kgf/cm}^2$ $1\,\text{MPa} = 0.102\,\text{kgf/mm}^2$	$1\,\text{Pa} = 1 \times 10^{-6}\,\text{MPa}$ $1\,\text{kPa} = 1 \times 10^{-3}\,\text{MPa}$ $1\,\text{GPa} = 1 \times 10^{3}\,\text{MPa}$ $1\,\text{kgf/cm}^2$ $\quad = 9.807 \times 10^{-2}\,\text{MPa}$ $1\,\text{kgf/mm}^2 = 9.807\,\text{MPa}$
5	モーメント （トルク／ねじりモーメント）	N・mm	$1\,\text{N·mm} = 1 \times 10^{-3}\,\text{N·m}$ $1\,\text{N·mm}$ $\quad = 1.020 \times 10^{-4}\,\text{kgf·m}$ $1\,\text{N·mm}$ $\quad = 1.020 \times 10^{-2}\,\text{kgf·cm}$ $1\,\text{N·mm} = 0.102\,\text{kgf·mm}$	$1\,\text{N·m} = 1 \times 10^{3}\,\text{N·mm}$ $1\,\text{kgf·m}$ $\quad = 9.807 \times 10^{3}\,\text{N·mm}$ $1\,\text{kgf·cm}$ $\quad = 98.07\,\text{N·mm}$ $1\,\text{kgf·mm} = 9.807\,\text{N·mm}$
6	断面二次モーメント 断面二次極モーメント	mm^4	$1\,\text{mm}^4 = 1 \times 10^{-4}\,\text{cm}^4$ $1\,\text{mm}^4 = 1 \times 10^{-12}\,\text{m}^4$	$1\,\text{cm}^4 = 1 \times 10^{4}\,\text{mm}^4$ $1\,\text{m}^4 = 1 \times 10^{12}\,\text{mm}^4$
7	断面係数 極断面係数 体積	mm^3	$1\,\text{mm}^3 = 1 \times 10^{-3}\,\text{cm}^3$ $1\,\text{mm}^3 = 1 \times 10^{-9}\,\text{m}^3$	$1\,\text{cm}^3 = 1 \times 10^{3}\,\text{mm}^3$ $1\,\text{m}^3 = 1 \times 10^{9}\,\text{mm}^3$
8	面積	mm^2	$1\,\text{mm}^2 = 1 \times 10^{-2}\,\text{cm}^2$ $1\,\text{mm}^2 = 1 \times 10^{-6}\,\text{m}^2$	$1\,\text{cm}^2 = 1 \times 10^{2}\,\text{mm}^2$ $1\,\text{m}^2 = 1 \times 10^{6}\,\text{mm}^2$
9	温度	℃	$t(℃) = T(K) - 273.15$	$T(K) = t(℃) + 273.15$

強度設計チェックリスト

番号	項目	内　容	解説項	チェック
1	単位	国際単位系（SI）とそれ以外の単位系が混在していないか。また、SI接頭語を揃えて計算をしたか。	2-1 付録8	
2	支持条件	製品の支持条件を適切にモデル化したか。	2-7	
3	使われ方	予見可能な誤使用を含め、製品の使われ方を明確にしたか。	5-2	
4	使用期間	製造物責任法などの法規制や社会的責任などを踏まえ、製品の使用期間を明確にしたか。	5-3	
5	使用温度	製品の使用温度範囲を明確にし、低温側及び高温側で問題が生じないように設計を行ったか。	4-12	
6	CAE	メッシュを適切な大きさに設定したか。	5-9	
7		延性材料ではミーゼス応力、脆性材料では主応力で評価を行ったか。また、延性材料の場合、引張／圧縮を見分けるために、主応力も確認したか。	5-10	
8	弾性変形	強度計算式は弾性変形と仮定できる範囲で使用したか。	2-12	
9	安全設計手法	安全設計手法を用いて、製品の安全を確保したか。	Column 5	
10	荷重の種類	製品に加わる荷重の種類を適切にモデル化したか。	2-8	
11	静的荷重	細長い物体に圧縮荷重を加える場合、座屈の恐れがないか。	3-15	
12		断面が中立軸に対して非対称な場合、断面係数が2つあることを確認したか（断面二次モーメントは1つのみ）。	3-8	
13		孔や切欠、R部などがある場合、応力集中について考慮したか。	3-16	

番号	項目	内　容	解説項	チェック
14	動的荷重	荷重が何度も繰り返し作用する場合、疲労について考慮したか。	4-7	
15		荷重の大きさが短時間のうちに大きく変化する場合、衝撃応力について考慮したか。また、衝撃に強い材料（延性材料）を選定したか。	3-14 4-8	
16	環境的影響	金属材料では高温下、プラスチックでは常温下において、製品に常時荷重が作用する場合、クリープの影響を確認したか。	4-13	
17		金属材料において腐食要因がある場合、適切な対策を施したか。	4-9	
18		プラスチックを使用する場合、劣化による強度や伸びの低下を考慮したか。	4-10 4-11	
19	基準強度	静的強度、動的強度、環境的影響を踏まえて、基準強度を設定したか	4-2	
20	ばらつき	材料強度と発生応力のばらつきを考慮したか（ストレス-ストレングスモデル）。	5-1	
21		材料強度のばらつきの下限値を把握しているか。また、下限値を推定する場合、十分なサンプル数を確保したか。	5-4 5-6 5-7	
22		基準強度の決定後、各種の不確かさに備えて、許容応力（安全率）を設定したか。	5-8	
23	材料選定	特殊な用途を除き、延性材料を使用しているか。	4-3	
24		金属材料とプラスチックを比較する場合、規格や単位などの違いを考慮したか。	4-4 4-5	
25		異種材料を組合せて使用する場合、温度変化による変形や熱応力に配慮したか。	2-14 3-3	

参考文献（本文中に記載のないもの）

［1］ 邉吾一、藤井透、川田宏之 『最新　材料の力学』 培風館
［2］ 本間精一 『プラスチック材料大全』 日刊工業新聞社
［3］ 福井泰好 『入門　信頼性工学』 森北出版
［4］ 冨士明良 『工業材料入門』 東京電機大学出版局
［5］ 日本木材学会　木材強度・木質構造研究会（編）『ティンバーメカニクス–木材の力学理論と応用』 海青社
［6］ 日本機械学会 『機械実用便覧』
［7］ 日本機械学会 『機械材料学』
［8］ 日本機械学会 『機械工学便覧　基礎編　$\alpha3$　材料力学』
［9］ 日本機械学会 『機械工学便覧　デザイン編　$\beta2$　材料学・工業材料』
［10］ 竹園茂男、垰克己、感本広文、稲村栄次郎 『弾性力学入門–基礎理論から数値解法まで』 森北出版
［11］ 村上敬宣 『材料力学』 森北出版
［12］ 西田正孝 『応力集中（増補版）』 森北出版
［13］ 西谷弘信 『材料力学』 コロナ社
［14］ 成沢郁夫 『プラスチックの強度設計と選び方』 工業調査会
［15］ 山内二郎（編）『統計数値表』 日本規格協会
［16］ 鯉渕興二、小久保邦雄 『製品開発のための材料力学と強度設計ノウハウ』 日刊工業新聞社
［17］ 宮本博、菊池正紀 『材料力学』 裳華房
［18］ 国立研究開発法人　物質・材料研究機構（NIMS）材料データベース
［19］ 一般社団法人　日本マグネシウム協会　材料特性データベース
［20］ 一般社団法人　日本アルミニウム協会　アルミニウム材料データベース
［21］ 各種材料メーカーカタログ及びホームページ
［22］ JIS B9700：2013 「機械類の安全性–設計のための一般原則–リスクアセスメント及びリスク低減」
［23］ JIS B9955：2017 「機械製品の信頼性に関する一般原則」
［24］ JIS G0202：2013 「鉄鋼用語（試験）」
［25］ JIS H4000：2014 「アルミニウム及びアルミニウム合金の板及び条」
［26］ JIS H5303：2006 「マグネシウム合金ダイカスト」
［27］ JIS K7115：1999 「プラスチック–クリープ特性の試験方法–第１部：引張クリープ」
［28］ JIS Z8000-1：2014 「量及び単位–第１部：一般」
［29］ JIS Z8000-4：2014 「量及び単位–第４部：力学」
［30］ 加部重好、大槻洋三、野口貴生 「金属材料破断面の基礎的データの構築」 群馬県立産業技術センター研究報告，2012，55-58.

索　引

〈著者紹介〉

田口　宏之（たぐち　ひろゆき）

1976年長崎県長崎市生まれ。田口技術士事務所代表。技術士（機械部門）。

九州大学大学院修士課程修了後、東陶機器㈱（現、TOTO㈱）に入社。12年間の在職中、ユニットバス、洗面化粧台、電気温水器等の水回り製品の設計・開発業務に従事。金属、プラスチック、ゴム、木質材料など様々な材料を使った製品設計を経験。また、商品企画から3DCAD、CAE、製品評価、設計部門改革に至るまで、設計業務に関するあらゆることを自らの手を動かして実践。それらの経験をベースとした講演、コンサルティングには定評がある。

2015年、福岡市に田口技術士事務所を開設。中小製造業やスタートアップ企業へ、製品立ち上げや人材育成の支援などを行っている。

毎月十万人以上が利用する製品設計者のための情報サイト「製品設計知識」の運営も行っている。

「製品設計知識」　https://seihin-sekkei.com/

図解！わかりやすーい強度設計実務入門
基礎から学べる機械設計の材料強度と強度計算

NDC 531.9

2020年 9月18日　初版 1 刷発行
2024年10月25日　初版 9 刷発行

（定価は，カバーに表示してあります）

ⓒ著　者　田　口　宏　之
発行者　井　水　治　博
発行所　日 刊 工 業 新 聞 社
〒103-8548　東京都中央区日本橋小網町 14-1
電話　編集部　03（5644）7490
販売部　03（5644）7403
ＦＡＸ　03（5644）7400
振替口座　00190-2-186076
URL　https://pub.nikkan.co.jp/
e-mail　info_shuppan@nikkan.tech

印刷・製本　美研プリンティング㈱

2020 Printed in Japan　落丁・乱丁本はお取り替えいたします．

ISBN 978-4-526-08080-7